高等院校设计类通用教材

家具造型设计

刘文金 邹伟华 著

中国林业出版社

图书在版编目（CIP）数据

家具造型设计/刘文金，邹伟华著. —北京：中国林业出版社，2007.2（2024.2重印）
高等院校设计类通用教材
ISBN 978-7-5038-4749-3

Ⅰ.家… Ⅱ.①刘… ②邹… Ⅲ.家具－造型设计－高等学校－教材 Ⅳ.TS664.01

中国版本图书馆CIP数据核字（2007）第023148号

中国林业出版社·教育出版分社

策划、责任编辑　杜　娟
电话：83143553　　　　　　　　传真：83143516

出版发行	中国林业出版社（100009　北京市西城区德内大街刘海胡同7号）
	E-mail：jiaocaipublic@163.com　电话：（010）83223561
	网　址：http：//www.cfph.com.cn
经　销	新华书店
印　刷	北京中科印刷有限公司
版　次	2007年3月第1版
印　次	2024年2月第6次
开　本	889mm×1194mm　1/16
印　张	10.75
字　数	258千字
定　价	39.00元

未经许可，不得以任何方式复制或抄袭本书之部分或全部内容。

版权所有　侵权必究

木材科学及设计艺术学科教材
编写指导委员会

顾　　　问	江泽慧　张齐生　李　坚　胡景初
主　　　任	周定国
副 主 任	赵广杰　王逢瑚　吴智慧　向仕龙

"设计艺术"学科组

组 长 委 员　吴智慧
副组长委员　王逢瑚　刘文金
委　　　员（以姓氏笔画为序）
　　　　　　丁密金　王双科　叶翠仙　申利明
　　　　　　朱　毅　吴章康　宋魁彦　张亚池
　　　　　　李光耀　李重根　南海民　胡旭冲
　　　　　　唐开军　徐　雷　高晓霞　彭　亮
　　　　　　雷亚芳　戴向东
秘　　　书　李　军

前　言

接到编写这本《家具造型设计》教材的任务时，就面临着一个学术问题：怎样理解造型、造型设计、设计、形态、形象等术语，又怎样理解"家具设计"、"家具造型设计"、"家具产品设计"、"家具艺术设计"之间的区别。

按照国外工业设计学界的理解，"产品设计"与"产品造型设计"同义，如果认为家具是一种产品类型的话，很容易推理出"家具设计"与"家具产品设计"同义的结论。但这似乎又有些欠妥，因为准确地说，家具的类型有很多种，例如作为商品形式出现的家具和作为艺术形象出现的家具等。如果要考虑这种因素的话，就应该有"家具产品设计"、"家具艺术设计"、"家具空间设计"等之说。

国外也很少使用"产品造型"这个词，因为就他们对"产品造型"的理解，决不仅指关于产品外形形态的设计，而是包括产品形态与实现产品形态及实现产品规定功能有关的材料、结构、构造、工艺等方面的技术性设计，具体来说，它包括形态设计、材料设计、结构设计、色彩计划、装饰设计、形象表达、产品实现的工艺过程设计等内容。他们习惯于用"产品设计"的术语来表达。

但是，按照中国人的语言表达习惯，"产品造型"一词是有明确意义的，主要是指"产品形象"设计或"产品形态"设计。

家具产品设计包括家具产品形象设计和家具产品技术设计的内容，许多设计院校在实际教学操作中也是将家具形态设计与家具技术设计分开讲授，因此，在制定教材计划时，编写委员会决定将本教材定名为"家具造型设计"，并明确了本教材的主要内容是家具形态设计或家具形象设计。从学术上说，这种做法是有争议的。但为了符合中国人的叙述习惯，我们仍将此教材称为"家具造型设计"。

基于上面的原因，本教材包括了先前教学程序中所涉及的"家具设计概论"和"家具形态设计"的内容。

本教材从"设计"的角度出发，从理解家具的概念入手，倡导在设计思想等设计理论指导下的设计实践，以"形态"为核心和主要研究对象，探讨家具、家具产品的形态构成和构成法则、构成规律。这在以往的家具设计相关教材中，甚至是国内相关产品设计的教材中也是少见的，因此，这属于一种尝试性的写作。

林业院校是我国家具行业人才培养的主力军，这一点毋庸置疑。在以往林业院校家具专业的设计类教材中，大多数单纯以产品形式尤其是以木（质）家具产品为主要研究对象，这不能不算是一种缺陷，因为家具是一个广泛的概念。实际上，毕业生参加工作以后所接触到的东西也远远超过了这一范畴。本教材试图以家具为研究对象，从产品、艺术、空间等视角全方位地展现家具的风采和介绍家具设计的内容。正因为如此，在一些章节中，可能有一些名词反复出现，但这是从不同角度对它们的认识和分析。

此教学内容在中南林业科技大学工业设计专业进行过实验性教学，修完"设计基础"课程的学生均能较好地接受。学生普遍认为能由此获得更多的设计信息和更好地开阔设计思路，但愿如此。由于各校教学计划有差异，各校有各自的教学特色，在教授本书时，各校可根据自己的实际情况对教学内容做适当取舍。

本书的既定目标是用作工业设计专业本科生家具设计课程的教学用书。也可作为工业设计专业本科生、设计艺术学硕士研究生以及其他设计师、设计爱好者的参考书。

刘文金完成了本书1~5章的写作，邹伟华完成了第6章的写作，并承担了主要的插图工作，研究生左娅参与了部分插图工作。

感谢中国林业出版社、木材科学及设计艺术学科教材编写指导委员会对本书出版提供的支持，感谢教材编写指导委员会设计艺术学科组的全体同仁以及各高校的其他同仁对本书提出的许多宝贵意见。

由于作者的水平有限，加之如前面所说的那样，本书采用的是一个较新的知识体系，书中难免存在不妥或错误之处。恳请广大读者批评指正，作者将及时地做出修订。

刘 文 金
2006年10月

目 录

前 言

1 设计、家具、家具设计 ... 1
1.1 设 计 ... 2
1.1.1 设 计 ... 2
1.1.2 工业设计 ... 2
1.2 家 具 ... 4
1.2.1 家具的概念 ... 4
1.2.2 家具的种类 ... 9
1.2.3 家具是一种文化形态 ... 10
1.2.4 家具审美 ... 12
1.3 家具设计 ... 21
1.3.1 家具设计概说 ... 21
1.3.2 家具设计的基本原则 ... 22
1.3.3 家具设计的一般程序 ... 24
1.3.4 家具设计思想概说 ... 24

2 家具造型设计 ... 26
2.1 家具产品造型设计 ... 27
2.1.1 家具产品概念设计 ... 28
2.1.2 家具产品造型设计 ... 30
2.2 家具艺术造型设计 ... 31
2.2.1 一种艺术创作载体 ... 31
2.2.2 家具的工艺美术设计 ... 32

2.2.3 家具作为室内空间陈设艺术 ··· 40

2.2.4 家具艺术创作方法 ·· 42

3 家具造型形态类型分析 ·· 45

3.1 形态、家具形态概说 ·· 45

3.1.1 形、态、形态、家具形态 ·· 46

3.1.2 家具形态类型 ·· 49

3.2 自然形态、人造形态、家具形态 ·· 54

3.2.1 自然形态的情感内涵和功能启示 ·· 54

3.2.2 自然形态与人造形态的构成基础及其区别 ·· 55

3.2.3 自然形态向人造形态的演绎方式 ·· 56

3.2.4 自然形态向家具形态转化的设计要素 ··· 58

3.3 家具概念设计形态与现实设计形态 ··· 58

3.3.1 概念设计与概念设计形态 ·· 59

3.3.2 现实设计与现实设计形态 ·· 60

3.3.3 家具概念设计形态与现实设计形态间的转化和促进 ··································· 62

3.4 家具的功能形态 ·· 64

3.4.1 以"人"为主体的家具功能形态 ··· 64

3.4.2 以"物"为主体的家具功能形态 ··· 69

3.5 家具的技术形态 ·· 73

3.5.1 家具的材料形态 ·· 73

3.5.2 家具的结构形态 ·· 74

3.5.3 家具的工艺形态 ·· 76

3.6 家具的色彩形态 ·· 76

3.7 家具的装饰形态 ·· 79

3.8 家具的整体形态 ·· 80

4 家具造型形态要素及其构成 ··· 84

4.1 家具的形式要素及其构成法则 ·· 85

4.1.1 家具形式构成基本形态要素——点、线、面、体 ······································· 85

4.1.2 家具形式构成之平面构成 ·· 89

4.1.3 家具形式构成之立体构成 ·· 92

4.1.4 形体可变化的家具 ·· 95

4.2 家具的色彩要素与配色原理 ·· 96

4.2.1 关于色彩的基本知识 ··· 96

4.2.2 家具获得色彩的基本方法 99
4.2.3 家具造型设计中的配色原理 100
4.2.4 家具的流行色 106

4.3 家具的肌理要素与肌理设计 107
4.3.1 造型中的肌理 108
4.3.2 家具造型设计中的肌理设计 108

4.4 家具的装饰要素与装饰设计 109
4.4.1 家具的主要装饰类型 109
4.4.2 家具装饰设计原则 115
4.4.3 家具装饰设计方法 116

4.5 系列家具的形态构成特点 117
4.5.1 功能系列家具 117
4.5.2 造型系列家具 118
4.5.3 技术系列家具 118

5 家具造型形态的形式美原则 119
5.1 寻求家具造型中的形式美 119
5.2 统一、协调与对比 121
5.2.1 家具简单几何形状的统一与协调 121
5.2.2 家具造型元素的协调 122
5.2.3 统一中求变化 125

5.3 对称与均衡 126
5.3.1 对 称 126
5.3.2 均 衡 127

5.4 尺度与比例 129
5.4.1 家具的尺度体系 129
5.4.2 家具中的比例 131

5.5 韵 律 135
5.5.1 韵律的概念 135
5.5.2 家具造型中的韵律构成 137
5.5.3 家具造型设计中形成韵律的方法 137

5.6 重点处理 138
5.6.1 家具造型的重点 138
5.6.2 重点部位与处理手法 139

    5.6.3 家具造型的通常化处理 ······ 139

  5.7 稳定与轻巧 ······ 139

    5.7.1 家具形态的科学稳定性 ······ 140

    5.7.2 家具形态的视觉稳定性 ······ 141

    5.7.3 轻巧的家具形态设计 ······ 143

  5.8 仿生与模拟 ······ 143

    5.8.1 仿生学在家具设计中的运用 ······ 144

    5.8.2 模拟的设计手法 ······ 146

6 家具造型设计的表现形式 ······ 149

  6.1 模型表现 ······ 149

    6.1.1 家具模型的种类 ······ 149

    6.1.2 家具模型的特点 ······ 152

    6.1.3 家具模型制作的原则 ······ 153

  6.2 图画表现 ······ 153

    6.2.1 设计草图 ······ 153

    6.2.2 效果图 ······ 155

    6.2.3 结构装配图 ······ 156

参考文献 ······ 161

1 设计、家具、家具设计

设计是人类特有的一种创造性活动，目的在于改善人们自身的生存环境和生活条件，它应遵循某种规律，应变于某些条件。设计是一种有意识的活动。因此，对设计的研究就像是探讨其他诸如数学、力学等学科的学术一样，也是一门"学问"。

按照设计的目的和设计的最终物化形式来分析的话，设计的类型不胜枚举。因此，研究设计的学问可以分门别类的进行。但有一点需要重点说明：所有设计活动具有许多共性的东西。就好像人们通常所说的"艺术是相通的"一样，尽管设计类型千差万别，但不同类型的设计有许多共同的规律。

家具是一种与人们的生活行为密切相关的常见的用品，家具从它产生的那一天开始就无疑是经过设计了的。随着社会的发展，家具的内涵、功能、品系、意义也随之发生了巨大的变化，它不再是一种简单的"供人们坐、卧等基本生理行为的器具"，就好像当代建筑决不是一种原始的"遮风避雨的场所"，而已经具有了某种超脱于"房子"的意义一样，当代家具也同样具有了不同于"一般生活器具"的意义。从这一点上来说，研究家具设计与研究建筑设计的意义没有本质的区别。

家具是一类具有特殊性的物质形式，家具具有它特有的文化意义。家具设计是一种在普遍设计规律指导下的有针对性和有特殊要求的一类设计活动。因此，研究家具设计才具有了意义。

1.1 设 计

从人类开始有尊严的生活开始,"设计"活动就无处不在。从"设计"的广义来理解,可以认为人类的一切具有创造性的活动都可称为"设计",它包括人们建设和改造社会的一切活动,也包括人类适应、改造、利用自然的一切行为,甚至包括人们日常生活的举止和内容。

1.1.1 设 计

设计是一种"规划"。

著名设计教育家莫和里纳吉(Laszlo Moholy-Nagy)说:"设计不是一种职业,它是一种态度和观点,一种规划(计划)者的态度观点。"可以用设计来规划社会的发展、人与人之间的关系、社会和劳动分工、国家政府的功能、经济发展的策略、人们的生活方式等意识形态领域的内容,也可以来规划设计各种人工产品,包括建筑、机器、日用品等物质生活设施和用品。也就是说,设计是规划社会和文化的行为。

规划(设计)是人类的有意识的活动。任何规划(设计)都必须有它的目的。对社会的规划包含着规定社会价值、人们的道德和行为规范的内容;对物品的规划涉及到人与物、人与社会、社会与物的各种关系。因此,有人认为设计是针对目标的"求解"活动。

规划是一种有针对性的活动。这些规划必须要依赖和假设一种人的本质,也称之为"人的模型",用它来说明人的动机和人的追求,在此基础上,再来规划社会的发展与变革,再来规划物品如何为人所用。

规划既是一种具有情感的感性活动,又是一种具有条理和规律可循的理性活动。感性的设计类似于艺术活动,是人的情感的真实反映,同时极具个性;理性的设计类似于科学活动,有具体的方法论指导,有规律可循和有原则可依,同时也具有理性的批评标准。

规划不仅仅指个体行为,更是一种社会性的活动,是文化建设。康德哲学、洪堡新人本位教育思想奠定了德国功能主义设计的理论基础,亚当·密斯的《国富论》影响了英国工业革命的进程,泰勒的管理理论和心理学理论至今还影响着美国当代的工业设计。因此,它需要全社会的共同参与和共同认识,同时需要全社会为此创造良好的设计环境。调动社会对设计的意义的认识本身就是一种设计。

在这里,"规划"与"设计"是同一概念。

1.1.2 工业设计

"工业设计"是由英语 Industrial Design(ID)翻译而来。这一名称20世纪首先出现在美国,第二次世界大战后广为流传。

工业设计是在国际工业、技术、艺术和经济发展的背景下产生出来的新兴学科。1957年6月在英国伦敦成立了国际工业设计协会联合会(International Council of Societies Industrial Design),简称 ICSID,是联合国科教文组织下设的国际性机构。当时的总部设在比利时首都布鲁塞尔,1983年第13届国际设计会议决定将总部迁至芬兰赫尔辛基。

1964 年 ICSID 在布鲁塞尔举行的工业设计教育研讨会上，对工业设计作了如下定义："工业设计是一种创造性的活动，旨在确定工业产品的外形质量"，"同时，工业设计包括工业生产所需的人类环境的一切方面"。意大利著名设计师法利（Gino Valle）对此提出补充认识，他认为："工业设计是一种创造性活动，它的任务是强调工业生产对象的形状特性，这种特性不仅仅指外貌式样，它首先指结构和功能，它应当从生产者的立场以及使用者的立场出发，使二者统一起来。"

1980 年 ICSID 在巴黎举行的第 11 届年会上对工业设计的定义作了如下修正："就批量生产的工业产品而言，凭借训练、技术知识、经验及视觉感受而赋予材料、结构、构造、形态、色彩、表面加工以及装饰以新的品质和规格，叫做工业设计。"根据当时的具体情况，工业设计师应在上述工业产品设计的全过程或其中几个方面进行工作。而且，工业设计师对包装、宣传、展示、市场开发等问题的解决付出自己的技术知识和经验以及视觉评价能力，这些也属于工业设计的范畴。

从上面对工业设计的定义来看，我们可以探讨工业设计的内涵：

——广义的"工业设计"几乎包括了"设计"的一切内容，它们属于同一事物与概念。

——工业设计是人、自然、社会的有机协调的系统科学方法论，是以优化的设计策划来创造人类自身更合理的生存方式。

——工业设计是关于人、产品、环境、社会的中介。工业设计的重要使命是产品与人相关功能的最优化，"设计的目的是人而不是产品"，工业设计师应按人类需求去开发新设计、新的工作系统和改善人们的劳动和生活环境。工业设计除满足使用者对产品的需求外，还应考虑产品对环境的影响，考虑批量生产的产品对资源的开发、回收与处理，以协作的姿态去创造、均衡整体产品。

——工业设计的本质是创造，旨在创造前所未有的、新颖而有益的东西。工业设计的载体是产品。产品是科学、技术、艺术和经济等因素相融合的结晶。

——工业设计是人的理性与感性相结合的活动，既强调训练、技术知识、经验等学习和教育过程、知识积累过程，也不否认如视觉感受等人的心理活动、人的"天赋"的重要性。

——工业设计是对一批特殊的实际需要（如材料、结构、构造、形态、色彩、表面加工以及装饰等因素）的总和得出最恰当的答案。

——工业设计所指的外形质量并非纯粹的外观式样，而是包括使用需求、生产方便和产品的结构、功能、工艺和材料诸关系的综合。工业设计的重点在于塑造用户界面或使用界面。这说明工业设计思想与工程设计思想是有区别的。

——工业设计也可以是一项具体的工作。工作的目的是完成设计对社会的责任和完成业主对具体设计任务的委托，达到社会、业主、设计师都满意的结果。

工业设计的内涵实质上规定了工业设计的目标、任务、性质，同时也规定了从事工业设计的人们所必须采取的态度、应该具备的知识基础和能力，协调了工业设计工作与社会的各种关系。

这里所要指出的是，如果从工业设计的广义概念来认识它，可以认为工业设计几乎包括了所有的设计类型。社会分工解决了知识的无穷尽和人的精力有限之间的矛盾，从事设计的人们一生中所从事的主要设计工作实际上只是设计工作的某种具体类型，如建筑设计、室内设计、产品设计等。每一项具体的设计工作又都对具体相应的知识基础有较大的依赖性，如建筑设计对建筑材料、建筑结构技术等知识的依赖，产品设计对造型材料、产品加工、产品的使用等方面知识的依赖等。因此，通常所说的工业设计更注重与工业产品设计相关的内容。即使是工业产品的设计，其涉及的因素也非常广泛。例如对于金属加工机床的设计，包括动力系统的设计、机械内部传动系统的设计、加工系统（如切削系统等）的设计、机械效率的设计、操作系统的设计、机架等定位系统的设计、外观以及与操作和使用有关的外观的设计等内容，而通常所说的工业设计关注着上述的所有内容，并要求对上述所有内容有初步的了解，但重点是在其他工作的配合下，如在结构设计师、机械设计师的配合下，对产品的外观造型做出科学合理的设计。

1.2 家 具

家具是一种常见的物质形态，能满足人们生活需要的各种功能。家具被寄予了人们关于审美、关于生活的本质和意义等方面的精神情感。因此，家具不是一种简单的物品，而是一种文化形态。

1.2.1 家具的概念

对于家具的认识具有典型的"与时俱进"的特征。当人类与其他动物有了根本区别并开始有尊严的生活时，家具成为了人们日常生活的用品，于是就有了家具"是家用的器具"的意义；由于最初出现的家具总是与建筑联系在一起，而且家具主要作为建筑室内空间功能的一种补充和完善，于是有了"家具是一种室内陈设"的基本概念；当人们把自己积累的所有其他的技能用于家具制造并赋予家具有关工艺的审美特征时，人们认为家具是"工艺美术品"；当家具和其他工业产品一样被人们用机器大批量生产时，家具又成为了一种名副其实的"工业产品"；家具被艺术家作为一种"载体"来表达他们的情感和思想并以一种特殊的形式出现时，家具又被认为是一种艺术形式。总之，人们对于家具的认识随着社会的发展变化和人们认识事物观念的更新而变化。

由此看来，对"家具"下一个准确的定义是一件困难的事情。

但是，认识家具的概念对家具设计具有十分重要的意义。就像所有从事设计工作的人们认识"设计"一样，认识"设计"关系到他们对于设计的态度、采取的设计方法并最终影响到整个社会对于设计和设计成果的认识。对于家具概念的不同认识，不仅导致了不同类型的家具设计（如家具艺术设计、家具产品设计等）和家具作（产）品，同时也会影响社会，影响社会生活方式和社会文化。

(1) 家具是一种影响建筑室内空间功能和意义的重要陈设

根据传统的观点，绝大多数的家具出现在建筑室内空间之中并作为建筑居住功能的完善与补充而存在。室内空间中"室内陈设"的主体无疑是家具。传统室内设计理论认为"家具作为室内设计的完善和补充"，为提供具有现实使用功能和审美功能的建筑室内空间服务。这是家具作为一种客观的物质存在于社会和人们生活中所起作用的一种真实写照。这似乎已成为定论。

现阶段，中国百姓对他们居住和生活的建筑空间的营造大体经过了"重装修"——

"重装饰，轻装修"——"重陈设"等几个阶段。所谓"重装修"，是指花费大量的人力物力简单追求住宅空间界面的改造与重建。这种现象是人们追求基本物质生活的一种反映，也必然随着社会财富的巨大浪费和人们审美观念的改变而逐渐终止。所谓"重装饰，轻装修"，是指人们从单纯地改变室内空间界面物质质量的"误区"中醒悟过来，转而重视对室内空间"氛围"的营造。这不能不称为中国公众对建筑意义认识的一大进步，有人甚至以此为据来佐证和预测中国建筑设计"非物质时代"的到来。当今人们对于住宅室内的态度又潮流化地出现了"重陈设"的趋势。越来越多的人认为住宅品质的高低是由其中的陈设所决定（当然这是在住宅建筑所处的"环境"和住宅建筑本身一定的前提条件下）。公众这种认识态度的改变，其意义决不亚于前面所述的两次转变，它不仅反映了百姓对于建筑意义包括对建筑的审美意义的认识，更重要的是对原有生活态度和生活意义的颠覆与觉醒。建筑之美在于为我所用，建筑之美在于情有所托；生活是建筑的基本"原型"，而生活的本质又在于"直接"和"适度"，"重陈设"正好是这种"直接"和"适度"的恰当反映。从这个意义上说，"重陈设"的行为无疑是公众对建筑室内空间审美意义认识上的一次革命。

随着人类社会的发展，人们生活的内容发生了诸多变化，生活因素之间的关系也必然会发生"重组"。人们开始用一种新的观点来审视建筑、室内空间，同样也会用新的眼光来看待家具。于是，家具由一种不那么起眼的角色成为今天人们关注的对象。

今天，家具在室内空间中的地位和作用已经发生了根本性转换，其主要特征表现在以下几个方面：

由"道具"向"场景"的转换——主导建筑室内空间的氛围　不可否认，在如何营造室内空间氛围的方式和方法上，经历了一个艰难的探索过程。传统意义上对于一个建筑室内空间的设计，大致采用这样的"程式"：第一，建筑设计师是整体设计的主导者和"总设计师"，室内设计包括家具设计的主题、设计表现形式等因素必须与建筑设计紧密联系，从而实现"建筑设计的继续与深化"，以达到建筑内、外空间氛围的和谐统一。也就是说，室内空间氛围的设计在延续着建筑设计的思想，并为建筑设计服务。第二，室内设计进一步演绎建筑空间，即将建筑设计过程中对建筑空间表现得尚未具体或得体的部分，作为"设计分工"的方式做进一步"完善"。第三，将室内空间与其所在的建筑整体区别对待，制定该室内空间的特殊功能或特殊意义，并围绕此目标进行设计。这几乎是设计的常理。在这里，家具设计甚至包括室内设计的主动性不可避免地受到削弱，家具的光芒被"规范"地笼罩在建筑空间布局形式的场景之中，完全是一种"道具"和"摆设"。

现代风格的建筑设计在解决建筑本身问题的同时，也给家具设计带来了一种新的机遇：相对简洁的建筑内部空间和简单的建筑立面形象，势必带来室内空间氛围的不足，无疑需要营造一种"场景"来烘托空间的氛围与意义，这赋予了家具设计更大的空间和更多的可能性。

人们这才发现了：家具本身就是一种绝妙的"场景"。如果说建筑是一种生活方式的话，家具就是更直接的生活方式。家具不仅赋予了建筑更为确切的功能意义，更演绎了建筑基本的情感因素。几乎"千篇一律"的建筑内部空间由于有了不同的家具内容而变得丰富多彩：华贵的、富丽的、高雅的、亲切的、简洁的、朴素的、高效的，等等。建筑的思想和意义在家具上得到了落实、深化。

由"表现形式"向"内涵体现"的转换——提升室内空间的品位　建筑设计所追求的不仅仅是凸现在自然环境中一个和谐得体的元素，更是这个元素的内涵：对社会的、经济的、技术的、审美的、生活的意义的理解。反映这种意义的方式和方法就是寻求一定的表现形式，建筑设计师的风格和个性由此而来。当家具还只能被作为"道具"的时候，它无论如何只是演绎主题的一种表现形式而已，对家具的使用基本上就是一种选择，当选择不尽如人意的时候，也只不过是一种"配套"设计，受建筑的约束和支配很多。不否定有许多伟大的建筑师（如赖特等）在设计建筑的同时，也设计出了诸多经典不朽的家具作品，但似乎也只是他们的"副产品"和"即兴之作"。

当代建筑设计格局发生了许多变化。家具设计已经被列为建筑设计的基本内容和任务之一，在建筑设计开始构思时，家具就同时被纳入设计范围。这不是简单的社会生产意义上的"设计分工"所能解释的，而是家具在现代建筑中所处的地位和发挥的作用所决定的。

设计程序的改变所反映出来的是设计思想的更新，"系统设计"的思想已经成为建筑设计的主导思想，建筑的品位由与建筑相关的所有因素共同决定。当家具与建筑所处的环境、建筑本身的功能、意义、格调、成本等因素同时作为建筑设计出发点的时候，家具在建筑中的主体意义就已作为建筑的"内涵体现"而出现。换句话说，与建筑的其他因素一样，家具可以成就一个建筑，也可以"毁灭"一个建筑。

（2）家具是日常生活用品

家具从它诞生开始到现在为止就一直和人类的生活发生密切的联系。家具最直接的意义是服务于人类的生活。

图1-1　后现代主义思想在家具设计中的具体反映

人们的日常生活离不开家具。人们的坐、卧、起居一时一刻也缺少不了家具。家具成为人类生活的主要内容之一。缺少了家具的住宅完全没有了"家"的感觉，缺少了家具的"办公室"只能是一个临时的场所。

家具是衡量人类生活质量的标准之一。家具与人类的健康有着直接的关系。科学研究表明：人的睡眠状况除了与人的身体状况等"内因"有直接关系外，最主要的"外因"是睡眠的环境和床具的质量。医学研究调查表明：人类"颈椎病"的主要诱因是座具。

家具是人们社会生活中尊严、地位的象征。虽然"大班桌"是具有中国特色办公家具的一道亮丽的风景线，但它正好迎合了中国传统文化中关于人类的"等级"制度。各种"个性化"的家具类型让它的拥有者的气质彰显无遗。

家具是人们生活方式的直接体现。改革开放初期，当西方文化思想和生活方式向中国大地一涌而入的时候，"欧式"家具作为人们追求的对象而被"崇拜"；在当代中国的许多"有识之士"的行为里，简朴的家具作为他们倡导"可持续发展"生活方式的代名词。

因此，从生活的意义理解，家具是人类社会和日常生活的必不可少的用品，它辅佐和引导人们的生活以及生活方式。

（3）家具与家具设计是一种艺术表现形式

在很长的历史时期内，由于家具是一种手工艺制品，同时在家具的造型、色彩、装饰等许多方面具有艺术设计的特点，人们都把家具与"工艺美术"联系在一起。清华大学美术学院（原中央工艺美术学院）20世纪60年代就设立了"家具"专业方向。

中国著名的工艺美术理论家、教育家田自秉先生对"工艺美术"的定义是："通过生产手段（包括手工、机器等）对材料进行审美加工，以制成物质产品和精神产品的一种美术。""它既有工，也有美；既包括生活日用品制作，也包括装饰欣赏品创作；既有手工制作过程，也有机器生产过程；既有传统产品的制作，也包括现代产品的生产；既有设计过程，也有制作过程；它是融造型、色彩、装饰为一体的工艺形象。"

图1-2 所表达的是人们对于物质世界的一种态度

家具作为一种艺术形式，表现在可以通过家具作为载体来表达设计者的思想感情、对于社会和具体的事物的认识与看法。

家具作为一种艺术形式，使家具设计具有了与其他设计形式不同的方法论。

家具作为一种艺术形式，使家具与其他产品相比，有了更为具体和更为明确的艺术审美意义，因而具有了更高的精神价值。

（4）家具是一种典型的工业产品

随着家具生产技术的进步，家具生产已完全摆脱了以往的手工业生产方式而成为一种典型的工业生产过程，在这种情况下，家具同时也已经成为了一种典型的工业产品。

现代家具设计为家具生产的工业化奠定了基础。现代家具设计从功能的角度出发，考虑如何实现其使用功能，强调"形式追随功能"的思想，使家具设计具有了更加理性的特征。

现代家具设计强调"大批量生产"的概念，使家具生产更加适应工业化进程，使家具生产具有了现代工业的特征。

现代家具设计重视利用先进的科学技术，主张将人类最新技术研究成果应用于家具设计和家具生产实践中，新材料、新工艺的使用始终成为家具创新的焦点和突破口。

将家具看做一种工业产品，其意义还远不只这些，这可能是对家具传统观念的一种颠覆。

图1-3 生态设计思想、可持续发展观在家具设计中的表达（左图）

图1-4 借助于家具表达设计者对于色彩的认识与感受（右图）

家具产品是一种工业产品，因而家具产品的设计具有了"工业设计"的一般意义，虽然家具产品设计和其他工业产品设计相比，具有一定的特殊性，但关于"设计"的本质却是一样的。这让家具设计师可以将眼光放得更宽泛一些。如果将家具设计当成一种与其他设计一样的设计的话，设计的思路可能会因此发生变化。例如，有人提出"家具是生活的一种机器和设备"的观点，就好像是对待"汽车是一种交通的机器和工具"一样，并由此设计出了"睡眠中心"、"视听中心"之类的家具。由"家具是关于生活的机器"的观点出发，人们发现了许多类似于工业机器结构和造型的家具。

"家具产品是一种工业产品"的概念要求人们对家具生产的工业化过程予以足够的关注。生产设备、生产工艺、生产管理、生产组织、产品策划与营销、产品展示与宣传、产品使用与维护保养、产品报废等内容同时也纳入设计的范围。

将家具看成是一种工业产品，也唤醒人们重视家具的工业化生产与社会的关系。家具与社会的可持续发展、家具与社会中人与人之间的社会关系、家具与社会生活方式、家具生产与社会劳动关系、家具生产与社会生产技术的发展等问题同时也成为家具设计师和家具使用者共同关注的问题。

将家具看成是一种工业产品，让人们重新认识家具与建筑、家具与艺术、家具与生活之间的关系。从建筑室内空间陈设、空间环境的角度设计家具是设计者长期以来一贯的做法，将"产品"的概念引入进来，将会产生有关"家具产品的存在环境"的意义；将家具设计当成一种艺术设计形式是许多人一直在探索的路径，与"产品"的概念相融合，将会派生出"产品的艺术"的含义；家具无疑与人们的日常生活密切联系在一起，家具的有关"用品"的意义将得到更进一步的深化。

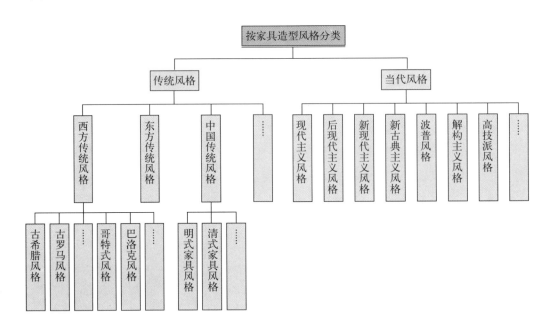

图 1-5　按艺术设计风格来划分家具类型

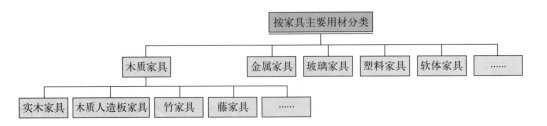

图 1-6　按家具用材类型不同对家具进行分类

1.2.2 家具的种类

家具形式各异、品种繁多。无论是设计者或者生产者，都难以涉及家具的全部类型。笼统的家具称谓对我们表达、交流、设计、生产家具等都会带来不便。因此，我们有必要对家具进行分类。

不同的分类方法产生了家具的不同种类。

常见的分类方法有如下几种：

（1）按家具造型风格分类

不同艺术风格的家具具有不同的形态特征。将那些具有相同艺术风格的家具归于一类，如图1-5所示。

按照家具艺术风格对家具进行分类在家具审美、家具史等家具理论研究方面具有重大意义。

（2）按家具主要用材分类

即按照家具的主要用材类型对家具进行分类，如图1-6所示。

按家具用材类型不同对家具进行分类对于家具生产、家具技术的研究、家具市场研究等方面具有重要意义。

（3）按家具使用功能分类

即按照家具的主要使用功能不同对家具进行分类，如图1-7所示。

（4）按家具使用场所分类

按家具的使用场所对家具进行分类，如图1-8所示。

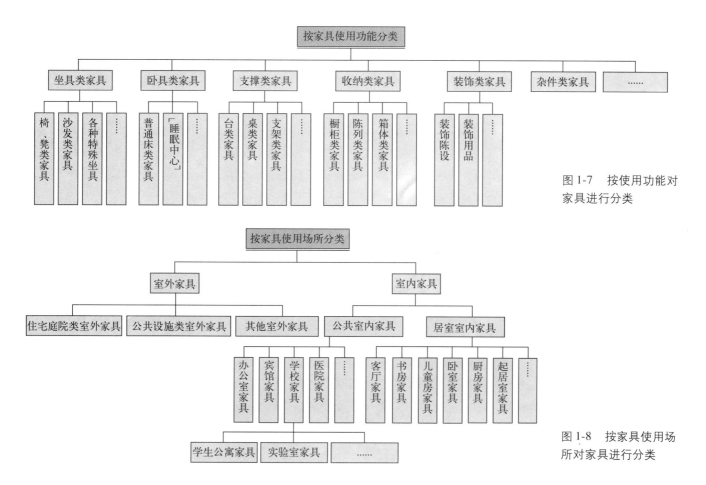

图1-7 按使用功能对家具进行分类

图1-8 按家具使用场所对家具进行分类

按家具使用场所对家具进行分类对于家具设计、家具市场研究等具有重要意义。

上述是几种最基本的家具分类方法。此外，还有按照家具结构类型将家具分为框式家具、板式家具、软体家具等类型；按照家具功能将家具分为装饰类家具和使用类家具；按照市场价格将家具分为高端市场家具、中端市场家具等；按照使用者不同将家具分为儿童家具、成人家具等多种分类方法。

家具分类本身并无其他的特殊价值，除了交流和表达的方便外，更重要的是：不同的类型具有各自不同的侧重点和不同的设计原则，对设计的评判标准也各不相同。例如：按使用场所划分家具类型，设计时应考虑使用对象的需求，如果是居室类家具，可以考虑照顾使用者的个性需求，而如果是公共家具，则更多的是考虑大众审美需求。

1.2.3 家具是一种文化形态

文化一词的来源见于《易经》："观乎天文以察时变，观乎人文以化成天下。"意即按照人文来教化。在英文中比较贴切的是"culture"，其释义有：一、是人类社会发展的证据，二、是某一社会、种族等特有的文艺、信仰、风俗等的总和。按照人类学家的概念，文化是人类环境中由人所创造的一切方面总和的统称，是包括知识、信仰、艺术、道德、法律、习俗等多种现象的复合整体，是整套的"生存式样"。其中人作为社会成员而发挥的创造能力和习惯也是文化这一概念中至关重要的组成部分。按现代观点来看，文化是人类精神的创造和积累，它包括：纯粹精神的创造，诸如宗教、艺术、哲学等；行为化的精神财富，诸如礼仪、法律、制度等；物化的精神创造，诸如工具、兵器、建筑等。

人与动物的真正区别首先在于人类是唯一在地球上创造和发展了文化系统的动物，因此人类是文化的动物，人类所创造的一切则是文化的产物。从这个观点上讲，人们在席地而坐时期在洞穴里所挖造的高低有别的土墩和现代的座椅是一样的，都有别于自然界中的土堆。前者是一种文化形态，后者则仅仅是一种物态而已。

在人类文化发展的历史长河中，家具文化就曾经是它的源头和主要组成部分之一。作为与人的基本"生存方式"息息相关的因素，它决定了其他文化形态的存在和发展，如生活方式和生活内容的改变、人类行为审美观的改变、人与人之间关系的确立和变化等。作为人类劳动的结晶——劳动产品而言，它在表面上反映出的是无以计数、琳琅满目的家具产品，但在本质上所反映出来的是：它一方面按照政治、经济、宗教、信仰、法律、社会习俗和道德伦理来决定家具的意义、内涵与形象；另一方面，家具在不断地凝聚其丰富的历史文化传统内涵的基础上，在不断地深化并改变着人类的方方面面。因此，有人说家具是人类文化的见证和缩影，是有十分充足的理由的。中国明式家具就是其中最好的例子，儒家文化的精髓、平等自由的社会、殷实而又节俭的生活、繁荣而又高超的技术尽显其中。这种物质与精神之间的谐调关系，充分显示了"文化"的意义。

在论及家具文化的时候，许多人常常把它和家具的精神功能联系和等同起来，这是不完全的。家具的"精神功能"必然属于"家具文化"，但是"家具文化"的含义远比"精神功能"的领域要深广得多。家具文化具备一切文化形态所具有的一般特征，同时又有其自身的特点：

——家具文化具有包容性。家具的种类、营销、造型、装饰等内容包含有诸如人类学、心理学、历史学、美学、艺术学等社会科学的成分，家具选材、结构、制作工艺等内容又包含材料学、力学、物理学、工艺学等自然科学的成分，它们是人类文明的综合性的结晶。

——家具文化具有多元、多层次的结构。就一般文化而言，它的多元化反映在不同的地域性、民族性、时间性等多方面，它的多层次性反映在文化的结构最里层的内核是观念心态，中层是制度行为文化，最外层是物质文化，如图1-9所示。

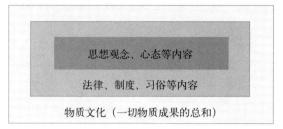

图1-9 文化的层次结构

家具文化的理想状态应该是多元的家具文化的并存，各种家具文化各得其所，充分满足社会各阶层的需要。

家具文化的多元化与一般文化形态相同，它的多层次则反映在物质文化体现在表层，精神文化体现在深层，艺术文化则体现在二者之间的中层面上，如图1-10所示。

对于家具产品而言，家具产品文化层次之核心层主要表现为家具产品的使用性能和实用性能，即家具既要能用，又要好用，充分满足使用者的各种使用要求。家具产品文化层次之形式层主要反映在家具的品牌、造型、特色、质量、个性等方面。家具产品文化层次之意义层则主要反映在家具的文化属性、社会、艺术、风格、自尊、自我价值等方面。

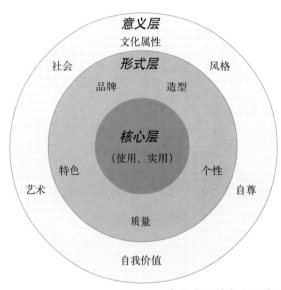

图1-10 家具产品的文化层次

由此可以看出：由家具产品的层次属性所决定，人们在进行家具设计时，一方面要充分考虑使用者的使用需求，即不要忘记核心层的作用；另一方面要充分发挥形式层和文化层的主观能动性，创造出既美观又有一定文化内涵的家具产品。

——家具文化是动态的文化，很少有固定模式。最明显的例证是：无论是中国家具还是西方家具，都有着鲜明的时代特征。有的是受社会文化（社会制度的变化、社会经济技术条件的改变等）的影响，有的是受一定的历史时期内主流审美观点的影响。家具文化的动态发展足可以说明家具文化是与社会文化的总系统平行发展的。

——家具文化受其他文化形态的影响，但有它自身的特点。在家具的发展历程中，我们不难找到家具受建筑、绘画等其他艺术形态影响的例子。如"哥特式"建筑和"哥特式"家具，"抽象派"绘画与19世纪的"抽象艺术"家具等。但由于家具与建筑、绘画等其他艺术形态处于不同的社会支撑点（技术的、人及人的需求等）上，因而也具有了与它们不同的表现形态。

——与其他文化一样，人是家具文化的主体。人既是家具文化的创造者，又是家具文化的鉴赏者和享受者。

——家具文化可以在不同的地域、民族间交流，但外来文化总是以本土文化为基础，两者之间的交流以并存和融合为主。即使到了世界文化大融合的今天，在世界范围内，不同民族、不同国度、不同地域的家具产品仍然具有各自不同的形式和特点。中国传统家具在西方国家受到欢迎，但大部分家具都是作为一种特殊的陈设出现在室内，而不是作为一种具有实际使用功能的家具；意大利、德国等发达国家的家具产品出口中国时，也必须考虑到中国人的生活特点、审美习惯、人体特征、地域环境等因素。

1.2.4 家具审美

家具的文化意义是家具审美的基础,而家具审美又是家具设计尤其是家具造型设计的基础。

现代美学认为:人的审美对象是广泛的、丰富的、多样的,因而"美"的类型也多种多样。现代美学一般从哲学认识论上根据美的产生、特征及人的创造来划分美的形态,一是将美划分为自然生成的美(自然美)、人工创造的美(社会美、艺术美)两类;二是将美划分为现实美(又称生活美,包括社会美、自然美)与艺术美两类;三是将美划分为自然美、社会美、艺术美三类。

前面已经说过:家具的概念是一个多因素的复合体,它包含不同层次的内容。抛开它不同的存在形式(如作为一种室内陈设、作为一种艺术表现形式、作为日常生活用品或作为一种工业产品等),我们大致可以把它的功能分为实用功能、认知功能和审美功能。其中实用功能是指产品满足人们的生理或物质需要的性质。它通过产品的技术性能、使用性能和环境效应反映出来。单纯的技术性能还不足以说明产品实用功能的好坏,因为超出对人的有效作用范围或环境许可的性能是没有实际意义的。认知功能是以产品语言的形式对产品类型、用途和意义的说明,在于发挥信息传达的"符号"效应。而审美功能则以产品的外在形态特征给人以赏心悦目的感受,从而唤起人们的生活情趣和价值体验。

对于什么是家具产品的审美功能的问题,有如下几种不同的观点:第一,产品的美与产品的功能目的性无关。例如,一把椅子,只要符合形式美的规律,它就会给人以美感,而无需与它供人坐的功能相联系。这种观点违背或削弱了产品设计的价值观。第二,单纯以审美功能就可改善实用功能。例如,一把椅子如果好看,也可以增进它的使用效果,使人坐着倍感舒适。这种观点颠倒了物质效用与精神效用之间的基本关系。第三,产品给人的审美感受是由于产品实用功能的发挥给人心理的满足感和舒适感的结果。这种观点就是典型的"适用就是美",它混淆了功利价值与审美价值的关系,使人漠视了审美特性的独立存在和自身规定性。第四,功能美是形式产物。产品的外观形式可以成为某种功能的表现或符号。也就是说,一把椅子的功能美,主要是人们看上去觉得这把椅子坐着时会很舒服。显然这是典型的唯心主义的观点。

人类造物是一种美的创造活动。任何物品,任何技术和艺术,从它的起源看,都不是一蹴而就的,而是从需要和理想出发,经过无数人、无数次的实践才能实现,有的可能经过数代人的努力。在造物中便包含对于艺术的创造和对美的追求。造物之美是一种综合之美,是将功能与审美的理想创造为有形之物,是人类智慧的结晶。综合之美的诸多因素中,最突出的是功能的实用和审美的作用。

家具的美就是一种典型的"造物之美"。以一件木器家具为例,它用高级的硬木制成,透明涂饰显露着木质纹理,无疑体现着一种"自然美";它又是一件实用的器物,为日常所必需,从生活的角度看,当然也是"生活美";这件家具的设计者别具匠心,使它具有一种独特的风格,使人在使用时得到一种精神上的享受,可视为"艺术美";而"艺术美"、"生活美"和经过人工化的"自然美",成为社会的产物,现实的产物,当然也属于"社会美"、"现实美"。平静、客观地判断,家具是一种典型的"综合之美"。

具体来说,家具审美包括家具的功能美、家具的艺术美和当代家具的大众审美特征三个基本方面。

(1) 家具的功能美

人们评价一件家具时，常称赞这件家具如何具有雕塑感、如何像一件工艺美术品等等，甚至都不称它为家具。

人们在研究家具理论时也常常犯愁：家具到底应怎样归类？对家具的评论也难以有确定的出发点。家具设计师在介绍自己的作品时，也常常是"八股文"式的语气：与室内环境的融合、完善解决了功能问题、特殊形式的追求、层次感的分明等等。但实际上，家具产品千差万别，从优秀的家具作品中所总结出来的这些因素在其他家具产品中也可能同样存在。

当我们评价一件家具时，一种通常的做法就是把家具当成一件艺术品来看待。在这种思路指引下，人们把家具当成纯艺术来对待，抽象的形式成了家具的主要语言，比例、均衡、统一、节奏、韵律等形式美的法则成了评价家具美的重要标准。但他们没法解释一个事实：家具是用来使用的，不能使用的家具能被称为家具吗？

另一种比较"深沉"的就是从美学（哲学）的角度去评价。即鼓励在设计中去追求一种哲理上的意义，构成、文化、乡土、文脉、传统、符号……一串带涩味的名词。他们设计的作品要能让消费者完全理解，不带有一份详细的设计思想说明书是肯定不行的。

这里就为我们提出了一个问题，如何对家具进行审美欣赏，审美的标准是什么？

功能与形式 "设计是艺术"的观点无疑是正确的。把家具设计完全视为一种"造型艺术"的观点，使许多家具设计师把家具作为纯艺术来加以研究，抽象的形式变成了最主要的设计语言，比例、均衡、韵律、构成、质感、肌理等成为评价家具的最主要的标准。然而，千万别忘记了：恰恰是家具的功利性目的，使家具区别于其他艺术形式。有人常说：一件好的家具设计作品在审美上绝不亚于一件雕塑作品，试想，如果把一件真正的雕塑作品当成家具使用，或者将一件家具置于雕塑环境中，那种体验又该如何？一件优秀的真正的家具设计作品，可能并不是一件成功的雕塑。

让家具设计的思想贴近哲学的想法使许多设计师在设计中片面地追求一种哲理上的意义，构成、符号、乡土、文脉……各种各样的理论主义等。他们强调"创作应该从文化中找灵感"。但是，家具跟其他的物体形式不同，家具有明显的功能目的。家具设计师在多大的程度上能实现这一理想？

由此看来，将家具设计纯粹视为艺术设计的观点是行不通的。

反过来将家具的功能作为设计唯一的依据，这样设计出的家具又会是一个什么样子？这样的家具最终就会是功能的堆砌，各种杂乱无章的功能件机械地结合在一起，不仅会让人望而生厌，而且它应有的功能也未必能发挥出来。也就是说，单纯地考虑功能的观点也是不适合的。

上面的问题实际上可以归纳为"形式"与"功能"二元化的问题。

在解决这个问题之前，我们必须回答"什么是美感"的问题，因为这是讨论这个问题的基础。离开美（包括形式美和功能美）的宗旨将无从谈起。

传统审美心理研究大致将人的情感划分为三个层次：情绪（affection）、情感（feeling）、审美感（aesthetic feeling）。情绪是与人的生理需要相联系，由各种感官直接唤起的低级情感；情感是与人的社会性需要相联系，而由逻辑思维唤起的高级情感；审美感则是在情绪和情感的基础上形成的另一种特殊的情感，它直接由知觉和表象唤起，与人的任何物质需要都没有直接的联系，因此，它是非概念的和非功利的。区别一种情感体验是审美的还是非审美的唯一界限，就在于它是来自对于形式的直觉，还是来自于对于某些功利的思考。

从这里可以看出：传统的思维把认识对象分成几个方面，并以"二元对立"的方式来把握，对于家具来说，"二元对立"的做法是把形式看成是家具审美意义的来源，功能技术只是被看成应该解决好的纯技术的范畴。

这种"二元对立"的观点现在还行得通吗？

与许多家具设计师探讨关于家具设计中艺术与功能的问题，大家比较一致的做法是：如果一个产品的设计其功能要求是非常明确的，设计的过程就是一个从平面到立面的线性过程，最后的结果是在平庸的造型上牵强着一些所谓的"文脉"或"传统"或"形式美"的"符号"；如果一件产品的设计在功能方面的规定性较少，设计师此时会难以压抑"艺术"与"哲学"的冲动，极尽"为赋新词强说愁"、"东施效颦"之能事，其结果往往是连自己都认为是矫揉造作。这是一种典型的"二元对立"的做法。

从这里可以看出：二元对立的根本问题就在于机械地把形式和功能截然分开。

功能体验　避免将家具的功能美和艺术美截然分开，决不是不重视家具的功能，或者不重视家具的艺术性。相反，是要将这两种审美特质有机地结合在一起，并将各自的审美效能发挥到恰到好处。

包豪斯著名的设计大师蒙荷里·纳基（Moholy Nagy）曾说：设计并不是对产品表面的装饰，而是以某一目的为基础，将社会的、人类的、经济的、技术的、艺术的、心理的、生理的多种因素综合起来，使其能纳入工业生产的轨道，对产品的这种构思和计划的技术即设计。由此可以看出，设计并不是对外形的简单美化，而是有明确的功能目的，设计的过程正是把这种功能目的转化到具体对象上去。功能目的在家具的形态构成中举足轻重，欠缺的功能在多数情况下会蒙垢家具形式的光辉，完美的功能与富有表现力的形式相得益彰。

但是，功能和实用价值本身并不能直接构成审美体验，也就是说，并不是因为我们较好地解决了一件家具的功能目的，这件家具的形式就一定是富于表现力的形式。不能把功能美与有用性混同起来，因为功能美并不在于功能本身。

人们根据社会需要制造出各种产品，过去的产品如果有良好的功能，它们的某些特殊造型就会逐步演化为一种富于表现力的形式。后来人们一见到这种形式，就能体验到一种莫名的愉悦，这就是一种审美体验，产品由于具有了功能的美感就是功能美。这是传统的对功能美的注解。具有好的功能的家具形式到后来可能会转变为美的形式，然而，审美的直接性决定了人们对家具的审美感受同样是直觉的。因此，家具功能的表现力与它本身的实用功能并不具有必然的联系。

日本当代美学家称物质产品的美为"技术美"，并把它和自然美、艺术美加以区分，他们认为：自然物的审美价值和实用价值并不是相互依存的，因此，自然美和实用价值无关；艺术品的价值是依附于美的，艺术美也与实用价值无关；唯独物质产品是以实用价值为自身存在的前提，因此，技术美必须依附于实用价值。

在这里，实用价值成了功能和美互相传递的媒体。

家具的功能体验是家具意义体验的一个重要维度，功能体验是家具的一种最基本的审美形态，它与其他审美形态相比，有许多不同的特点。

首先，家具的功能意义不完全等同于家具的审美意义。对家具的功能体验是在最广大的生产实践范围内创造的一种物质实体的美，在家具中主要体现在家具的零部件组织、空间组织、技术手段、材料的合理利用等方面。它是一种最基本、最普遍的审美形态，在多数情况下，与情感表现无关，它带给人们的往往仅是一种审美上的愉悦感和认同感而不指向任何深层的情感体验。正因为功能体验与技术有密不可分的关系，所以功能美具有明显的时代特征。中国古典家具中的床普遍带有装饰性很好的床架，在当时是为了私密性的需求，在偌大的卧室中形成独立空间，亦或是为了挂放蚊帐，这些功能到现代都市的卧室中都不起作用了。

其次，对家具的功能的审美体验要与对家具本身实用功能的评价相区别。对功能的审美体验在特定的时候也会具有超功利性，与家具自身的功能是无关的。如果家具只具有形式上的功能美，而自身不具有实用功能，便是一种虚假的美，而相对于人们的自觉而言，这种虚假的美并不构成对审美体验的伤害。北京故宫里旧时皇帝用的"龙椅"，和其他的椅子一样也具有扶手，这个扶手无疑是形式的需求，因为就椅子的座宽而言，扶手是根本不起作用的。这个扶手除了象征皇帝的"左膀右臂"之外，和人们心目中的椅子形象的相似也是其中的理由之一。

另外，形式的表现力在某种意义上说是功能的表现力的抽象形态。古典家具中各种腿脚形状、各种装饰线脚在当今家具设计中仍在使用就是典型的例子。优秀的家具设计，如果它的功能美与家具自身的功能评价达到统一，会取得完美和谐的最佳效果。

在家具设计中，功能的表现力不仅体现在家具的整体性格特征方面，同时也影响着家具的形式语言。家具的每一个局部，每一个处理手法，甚至装饰，都有着实用功能的影子。

因此，我们有理由相信，打破形式与功能之间的二元对立来设计家具的话，功能就再也不构成设计者的累赘了。

总之，在家具的造型设计中，功能并不是只会把我们推向尴尬境地，离开了功能，家具就不成为家具。功能方面如使用的合理、技术的表现等因素，也是人们对家具体验的重要组成部分，在极端的条件下，甚至可以是体验的全部。对于家具来讲，其形象的表现力与其功能的表现力恰如一枚硬币的正反面，在对家具意义的体验中，它们诉说着同一件事情。家具意义的形象层面与功能技术层面并不是家具意义的两个二元对立的方面，它们不能独立存在。随着对家具的体验从瞬间到随时，从无功利到有功利，从对形式的玩味到对形象精神的重视，都没有消解家具的意义，因为对家具意义的体验没有确定不变的原则。

(2) 家具的艺术美

如果说家具的功能美主要是关注家具的物质性的话，家具的艺术美则主要关注家具的精神性。而家具的物质性和精神性是家具不可分割的两个方面。

家具中的技术与艺术 技术与艺术是两个各有所指的专门概念。在现代艺术高度追求自律时，技术常常被有意淡化。在艺术家们热衷于"艺术是情感的表现、生命的冲动"之类的信条时，艺术的自律化几乎成为艺术的唯一追求。从克莱夫·贝尔的"艺术是有意味的形式"的形式说，到恩斯特·卡西尔的"艺术可以定义为一种符号的语言"、苏珊·朗格的"艺术是情感的符号"的符号说，一直到现代艺术的"表现主义"，都有轻视或否定技术在艺术中地位的倾向。

要对这个问题有一个清楚的解释，我们必须将技术与艺术的关系上升到文化的角度来认识。文化是由技术的、社会的和观念的三个子系统构成，工艺技术本身是一种文化更是一种艺术。工艺技术作为文化的一部分或者是文化的一个层面，这一点已无须更多的论证。工艺技术作为艺术的一种表现形式，其论据也是相当充分的：在科学技术发展的主体下，工艺技术更主要地表现一种为机械、电子所不能取代的手工技术，保持着经验、感性的特征，向着艺术化方向发展，与艺术结合，成为艺术中的技术，艺术化的技术，从而是一种以感性经验为主体的、能表达个人意志和心智的技术。

工艺技术是一种艺术方式，一种艺术风格。在这个领域，技术赋予材料以形式，是艺术风格的基本和决定性因素，因此，工艺技术不仅仅是一种手段，而且具有结构形式表达内容的功能。在一定意义上，工艺技术与工艺艺术是一体的。工艺技术的最高境界应当是与艺术的完全交融而不留痕迹，即"大匠不雕"的自由境界。

工业设计是艺术与技术的结合，它的产物构成了人们日常生活的用品和环境。对于建立在现代工业基础之上的工业设计产品，它的形态既不能单纯从艺术的观点去考察，也不能作为纯粹技术装置看待。因为工业设计作为人机界面的处理，既包含理性的功能结构，又包含丰富的感性外在特征。工业设计产品是一种人工形态。人工形态是指人工制造物，它与天然形态的不同之处表现在三个方面：首先，人工形态是人们有目的劳动的成果，直接用于满足人们的某种需要，因此，它的存在具有符合人的目的性的特点，而自然形态的东西并不以符合人的目的性为存在前提；其次，通过人的加工，人工形态必然打上劳动主体（人）的烙印，从而具有了人的主体性特征；此外，人的活动是在一定社会关系中进行的，人工制作物都具有一定的社会性，成为特定的社会文化的产物，并随社会历史的变迁而不同。技术装置和艺术作品虽然都是人工形态的东西，但是它们之间由于功能目的和制作方式的不同，而各具不同的性质。工业设计产品既要发挥物质功能，又要发挥与之相适应的精神功能。

总之，工业设计产品的形态是一种人工形态，它是按照预期目的和功能定位设计制作的，但是其精神功能和审美效应具有某种不确定性。技术原理对它具有物质决定性，而形式自由度则给设计师提供了选择和创造的巨大空间。

当代家具表现出了一个越来越明显的特点，它既可以表现为是艺术，而且相当前卫和抽象；又可以认为是科学技术成功的杰作，它一刻也不能离开技术。可以这样认为，家具是艺术与技术的结合，是技术与艺术的杰作。工艺材料、技术与艺术性是包括家具在内的艺术设计的主要构成要素。材料是结构、成型的基础，没有材料就不会产生与之相应的工艺。而工艺技术则是材料与人的理想实现的中介。没有工艺技术就没有造型，也就不可能有造型艺术的存在。工艺技术以材料的加工改造为对象，通过一定生产工具完成某一具体的目的和造型，它既表现为一种手段又表现为一个过程，是手段、过程与目的统一的产物。工艺技术包含着人与自然的特定关系，一种利用与改造的能动关系。更为重要的是：一些特定的工艺技术形式可以赋予制品强烈的艺术审美效果。例如家具制造中的雕刻技术、涂饰技术、织物覆面包面技术、曲木家具弯曲成型技术等都具有这样的性质。

家具的艺术风格　"风格"一词是在描述设计时最常用的名词，但对于它的理解却不尽相同。《辞海》解释："风格"，气度、作风、品格也，特指作品表现出来的主要的思想特点和艺术特点。按照笔者的观点，"风格"一词本身是没有任何意义的，"风格"是一个代名词，是为了描述一种设计现象或设计作品的方便起见而人为设立的。它的内涵有二：一是体现设计师在艺术设计中表现出来的艺术特色和创造个性；二是泛指体现在艺术设计作品中的各要素，如社会制度、时代的精神面貌、社会需要、社会意识、民族传统、民族特点和当时的科学文化发展等方面的总和。例如讲到"明式家具风格"一词时，它所代表的意义是将"造型简练、适当的曲直对比、符合人体特征、选材精良、装饰少而得体、制作工艺精湛"等所有明式家具的特点浓缩于这一个词中，而不必娓娓仔细道来。用于第一种意义时，它是设计师的一种追求；当用于第二种意义时，最恰当的表述它是一种对历史的总结。

但风格的意义却是任何艺术形式都具有的一种客观存在。对"风格"的理解也可谓"仁者见仁、智者见智"。设计风格是一种文化存在，是设计语言、符号的使用与选择的结果。设计师在繁多的设计要素中选择了他认为是合适的一些，并将它们有机地结合在一起。在某种程度上，风格是对一般规律的偏离，即对原有的设计进行摈弃、创新和改变；而另一方面，又恰恰是某一设计环境的特定规范，即对某种约定俗成的设计规律、表现方式的一种维护、继承和沿用。它既是设计师、艺术设计品的个性表现，又具有复杂、完整和综合性的实质。它既受历史、社会、科技、经济、环境等因素的影响和制约，又受设计师主观因素、思维个性的制约。是设计师思维个性的存在方式，是思维个性心理结构的表现。

影响设计风格的因素很多，而且影响每一种不同艺术形式的影响因素也不尽相同。对于家具设计而言，主要有如下一些影响因素：

—— 各种社会因素。社会造就了艺术风格。社会政治、经济制度、道德意识、社会生产力发展水平等对设计的影响是显而易见的。任何设计都不是脱离社会的设计。如"现代"风格所依存的西方第二次世界大战的历史背景；"后现代"设计风格产生在西方高度发达的物质文明；"高技"派风格所体现的精妙的科学技术等等。这些都可以认为是社会因素的集中反映。

—— 时代特征。我们可以认为：一个时代有一个时代的艺术风格。时代特征在艺术风格中的显现，可以归结为这个时代的社会因素、审美因素、科学技术等对设计影响的综合。因而许多设计风格都是以时代的名称而加以命名的。我们认为，与时代有关的艺术风格更多的是来源于这个特定时代的审美。艺术设计的时代美，正是一个时代审美观念的物态表现。艺术设计与审美观念同步发展的规律，是由于其实用和审美的双重功能所决定的。在一个时代中，富有时代性的设计作品，都是科学技术与艺术相结合的产物，如果说，先进的科学技术能给艺术设计注入新的物质功能的话，那么，一个时代所形成的审美观念，所流行的审美思潮，能使艺术设计产生新的精神功能。艺术设计融科学技术和艺术审美为一体，两者的关系达到高度的统一。新的科技成果的采用，能使艺术设计产生新的形象，从而促使审美观念的转换。而新的科技成果的更新，又反过来促使艺术设计不断采用新工艺、新材料、新技术，从而满足人们新的物质和精神的需求。

就中国当代家具设计而言，其时代特征也是非常明显的。改革开放以后，由于西方文化的大量涌入，反映在家具设计上的特征就是良莠不分一概接纳，人人以拥有一套西方格调的家具为荣耀、为豪华。当这种"躁动"过后，人们又逐渐开始转向于适合中国目前时代特征的富于现代感、简练的家具产品。

提到时代特征，我们不能不想到"时尚"。时尚是在一段特定的时期内最为大众所接受的审美特征。中国家具的时尚特征在现阶段内比任何国家都有过之而无不及。单看家具的颜色特征，近些年所谓的"黑色风暴"、"白色旋风"就足以让人头晕目眩。"时尚"性反映出来的最能给设计者以启发的是"时尚"的"流行性"。它会提示我们去探讨各种时尚流行的规律，如流行色、流行周期等。

—— 地域特色。中国地大物博，每一个地域特定的地理环境、生态环境特点都间接或直接影响着家具设计。"黑土地"造就了北方人诚实、粗犷、豪放的气质，因此中国北方的家具一般以厚重、大体量、色泽深沉、实在、结实见长。而中国南方的家具则以清秀、明朗、富于装饰特色、精致著称。中国云南、福建等地盛产各种质地的石材，因而近年来"石材家具"独树一帜；中国南方的竹材长期以来都是制作家具的材料，"竹家具"无疑具有浓郁的地方特色。

—— 其他艺术形式对家具设计的影响。建筑、工艺美术、绘画等艺术形式对家具设计和家具的影响，很多学者都进行过深入的研究，这里就不再赘述。

—— 民族特色。具有本民族特色的风格设计，才具有真正的世界竞争力。美国的莱茵·辛格说："好的设计便具有新的含义：它不仅意味着满足了使用功能，而且使用方便、舒适，是丰富的知识载体，是完美的精神功能的体现，充满一个民族特有的文化及风格内涵。"日本"和式"家具除了具有浓郁的东方特色之外，典型的"和式"特征也不乏其中。"斯堪的纳维亚风格"的家具又被称为"乡村风格"。中国是一个多民族的国家，各个民族在长期的生活环境中形成了自己深厚的文化底蕴，尤其是各少数民族长期以来所形成的家具特色值得我们进行深入的研究和开发。

—— 设计者。"一个人有一个人不同的设计风格"，这是对"风格"进行描述的主要方式之一，单凭这一点就足见设计者在设计风格中的重要性。我们认为，设计者的设计风格是设计者对所有设计要素理解的结果；是设计者长期形成的、与众不同的、对设计内容进行表达的一种方式的综合；是设计者对设计体验的积累；也是设计师一生追求的最高目标。与其说设计师风格的形成是个人综合素质、认识能力、设计技巧、生活经历等因素的总和，不如说设计师是运用这些因素的"天才"。

探讨影响家具设计风格因素的目的，是为了形成家具设计和家具的风格。这些影响风格形成的因素，反过来又成为创造出具有风格的设计和产品的可利用的条件。这才是我们研究"风格"的真正意义所在。

尽管风格是任何艺术形式都具有的一种客观存在，但人们对待"风格"的态度却不尽相同。包豪斯的创始人格罗皮乌斯就曾说过："在我们的设计之中，重要的不是随波逐流地随着生活的变化而改变我们的设计表现方式，绝对不应该单从形式上追求所谓的风格。"但殊不知，"朝夕相处，师承相同，环境相似，当然就会有相似之处"。包豪斯风格——"富于数学性和谐的造型，由于正确的技术处理而充满感情的性格，并显示出感觉与理智之间的完全平衡"——也是一种客观实在。

风格在艺术设计中的作用不容忽视。工业设计的先辈之一诺尔曼·贝哥·第格斯广泛采用的"流线型"设计不仅影响了工业设计，还流传进了建筑、室内设计领域，成为流行全球设计界的"时尚"，至今还盛行不衰；"现代主义"风格的形成，使得现代设计轰轰烈烈地发展；"国际主义"风格对设计的影响，是任何一种风格都无法比拟的；六七十年代出现的"后现代主义"风格，由于它的存在，才会在八十年代起，形形色色的设计思潮、设计风格纷纷登台亮相。现代设计领域呈现了以现代主义风格为主流的多元化设计的面貌、多元化的设计风格相互交织的繁杂形态；在设计中探讨和关注设计文化，追求满足人的物质需求和心理需求；特别是"信息时代"的到来，人们的观念发生了深刻的变化，表现在价值观上，即对文化的需求大于对生产的需求，选择的观念大于供给的观念；工业设计的特征也开始由"物质"向"精神"过渡。家具设计和家具产品失去了对风格的追求，泛滥于市场的只能是模仿、抄袭，人云亦云。

家具艺术的象征意义 从人类文化发展的历史来看，人类文化大体上是由器物、社会制度、精神生活所构成。原始人类为了生存，创造了各式器物或物品来满足衣食住行的需要，家具就是器物的一种。工业革命后，"器物"被谓之为"产品"，家具也逐渐成为了一种工业产品。不论是器物还是产品，作为人类活动的产物，必然牵涉到人的因素，都蕴涵了人类文化的理念和价值观。

家具作为一种器物或者一种产品凭借自身的功能产生或生产后，在不知不觉中潜移默化地影响着使用者的生活习惯、生活方式以及感受和观念，后者又反过来促进前者的发展。

综观今天中国的家具市场，人们仿佛正身陷舶来品的一片汪洋大海之中，到处充满外来文化的影子。很多有识之士担心"久而久之终将难免于文化迷失"。虽然这种观点在世界文化多元化、一体化的大趋势下有失偏颇，但以一种什么样的姿态来参与世界文化的交流，怎样看待中国的传统文化，中国文化在世界文化中的地位和作用怎样，等等，却是我们要认真思考的问题。

中国传统文化的主要特征之一是富于生动的象征意义。所谓象征，是指"借具体的事物，以其外形的特点和性质，表示某种抽象的概念和思想感情"。在家具产品设计中，象征是造型设计的基本手法之一。中国器物的象征性特征对我们采用象征的手段来设计具有中国风格的家具产品有非常重要的借鉴作用。结合中国器物的象征性特征，将其运用到家具产品设计中来，可从下列五个方面着手：

——家具形式的象征性。家具的造型代表了不同时代、不同民族人们的审美情趣和价值取向，因而家具的外形不可避免地烙上文化的印记，被赋予不同的象征意义。

中国器物的象征性是以中华民族传统的文化背景为根基，器物形式中积淀了社会的价值和内容，同时又不是纯客观、机械地描摹自然，而是对外在的自然高度地凝练和升华，从而使器物具有高度地审美功能和意义。

——家具用材材质的象征性。决定材料的选用与否及衡量材质高下的标准主要是依其性能的优劣和存量的多寡。木材一直是家具用材的首选。因为木材按照中国古代阴阳五行说的观点，其特性是周遍流行、阳气舒畅，阳气散布后，五行的气化也就显得畅通平和。"敷和的气理端正；理顺随，其变动是或曲或直，其生化能使万物兴旺，其属类是草木，其功能是发散，其征兆是温和。"也就是说，木材由于其敷和的气理、能使万物兴旺的吉祥含义以及温和的征兆而具有社交的、伦理的、文化的诸多象征意义，从而成为家具的首选用材。

——色彩的象征性。与形式相比，色彩是一种更为原始的审美方式。"远看颜色近看花"就是充分的例证。人们对色彩的感受有动物性的自然反应作为其直接的生理基础。不同的文化对色彩所具有的象征意义有着较为不同甚至是截然相反的看法。例如红色，在西方作为战斗，象征牺牲，东方则代表吉祥，象征喜庆。

——形制的象征性。尺度的大小、形状等在家具中的象征意义自古就有，而且得以流传。众所周知，北京故宫中的"龙椅"的设计决不是因为当时的"皇帝"体形的高大，而是要象征"皇权"的至高无上和"神圣不可侵犯"。中国当代办公家具不乏抄袭国外办公家具的例证，但"老板桌"、"老板椅"在很大程度上却是中国办公家具中的"原创"：特大的形体、厚重的体量、极致的装饰和异常昂贵的材料。这其中的意义不言而喻。

—— 家具对于生活形态的象征性。例如元代家具，多用圆雕和高浮雕，很少用浅雕和线雕，强调立体效果和远观效果，题材多为花草、鸟兽、云纹、龙纹，其中花草最多见。多用曲线，如卷珠纹的运用。无论是雕刻还是绘画，都要极力表现如云气流动般的气势，这可能都缘于游牧民族在高速运动中得来的对运动的认识在审美上的体现。可以说，元代家具所采用的装饰所传达出来的艺术风貌和审美意识，可能使我们清晰地感受到一派生机勃勃、如日初升的清新、健康的气质。它既不同于唐代家具的富丽，又不及明式家具的精致、优雅，亦不似宋代家具的纤纤秀弱，但它浑圆、粗放的造型特征所体现的狂放气势和力量感，远远地超出其他三者而愈发显其优越和高明。这种颇具"胡气"的造型风格是在当时多民族文化的交汇中，根据蒙古族等北方游牧民族的审美趣味和长期流动的生活方式所选择的一种历史必然。

(3) 当代家具的大众审美特征

当代家具的绝大多数已演变为是一种大众化的工业产品（作为纯艺术作品的家具所见不多），家具设计在某种意义上说是取悦大众、服务大众的设计，只有当它的文化意义充分为大众所理解和接受时，才具有更大范围的文化意义。

当代家具更加贴近生活。它不是一种纯粹的艺术，而已经成为消费的对象。在这种背景下，设计师的地位和作用应该加以重新认识。常言说：设计师是生活方式的创造者。这里无疑把设计师的作用完全加以肯定。但实际上，设计的意义往往由设计师与消费者来共同实现，消费者是设计师设计作品审美特点的最终结论者，家具的意义并不是其本身固有的，而是在与观赏者的"对话"中产生的，看待家具的意义离不开它所面对的人群。消费者的作用同样不可低估。因此，我们说设计师是新生活方式的倡导者可能更加贴切。

正因为如此，设计师如何去体谅消费者的审美情趣就变得非常重要。我们经常看到许多设计师非常中意的作品在市场上却表现出"曲高和寡"。大众审美文化成为当代家具设计的"主流"表现。

在中国社会历史发展各阶段，对家具这种物质产品的拥有，也经历了一个从少数人拥有到大众拥有的过程。甚至是清朝及清朝以前，家具的生产、使用、欣赏等都是少数人的事情，这就造成了"明式家具"文化是文人家具文化、"清式家具"文化是皇亲贵族家具文化的中国家具文化的基本特征。当代对家具产品的需求和拥有能力，已经远不是少数人的事情了，通俗地说，对家具好与不好的评价更多的是受大众情绪的牵制，不同的判断标准充其量只是上述大众审美标准中的一个"细分"。也就是说，在当代的中国，关于家具文化的大众文化特点已经十分明显。

一般而言，一种大众娱乐性质的世俗文化的兴起，至少应该具备四个方面的条件：一是经济的发展；二是都市文化和市民阶层的形成；三是社会文化审美趣味的更新；四是大众审美文化心理的上升与对占社会主导地位道德观念的淡化。

都市文化和市民阶层为世俗文化洞开了家具商品化的选择市场。最直接的反映是时尚化。都市文化是市场时尚的温床。受其他领域的影响，家具的时尚化特征表现得淋漓尽致：

板式组合家具在一段时间内是唯一的选择、聚酯倒模家具席卷全国、表面贴纸家具胜过实木表面的家具、"新古典"家具的鹤立鸡群、"白色旋风"、"黑色风暴"、"奶油加巧克力"、清一色的"榉木"、"黑胡桃"、布艺家具的方兴未艾、玻璃家具的崭露头角等等，这些都在我们心目中留下了深刻的印象。要去探听这些家具美在哪里？可能比较一致的回答是因为它流行。到目前为止，仍然有绝大多数的家具企业家、家具设计师在苦苦寻求着所谓"未来家具的流行趋势"，在揣摩着明天的家具市场将会流行什么款式的产品。时尚已经深入人心。无论属于何种社会阶层的人士，都难以冲出"时尚"的"围城"。

社会审美趣味的更新在很大程度上决定于社会经济发展水平和社会制度层次上的社会文化。反映家具品位的主要因素是家具的价格还是文化内涵？设计中以"雅"为主还是以"艳"为主？在"摸着石头过河"的当代到底谁是谁非？不可否认，猎新猎奇的心理是当代社会审美文化的主流倾向，无论何种家具，只要是人们曾未见过的，不管它是"路易十四"和"美国殖民地风格"的组合还是"洛可可"和"后现代"的"杂交"，都照单接受。

归结起来，可以这样描述当今家具审美文化的特征：大众娱乐、时尚、重感觉轻理性、重"时髦"轻传统、重商品价值、享受生活享受家具。

在这样的文化背景下，家具设计中的"文无定法"、"文成法立"现象就不可避免。也就是说，设计没有固定的"套路"和"模式"。

1.3 家具设计

我们已经对家具的本质和属性有了充分的理解，在这个基础上再来认识家具设计的本质就比较容易了。

家具设计就是对家具的设计，除了家具本身的如功能、形式、材料、结构等要素以外，还包括对家具的使用环境、使用方式和方法、使用效率、使用时的心理感受、家具与其他物体的相互关系等方面的设计。因此，家具设计是基于家具文化意义的综合性设计。

1.3.1 家具设计概说

家具设计是以家具为设计对象的一种设计形式。家具设计作品可能是一种室内陈设，可能是一件艺术作品，可能是一件日用生活用品，也可能是一件工业产品。

从"设计"、"工业设计"的概念引申开来，可以对家具设计作出如下的定义：

—— 家具设计就是针对"家具"的一种规划活动。是在对"家具"具有客观认识基础之上的一种有意识的活动。

家具设计师试图通过家具这个媒体来传达他（她）对于社会的认识，对于家具本身的认识，并由此建立人们新的社会关系、新的生活方式和人与家具本身的关系。例如：如果没有了"大班桌"和"职员桌"之间设计的区别，在淡化劳动秩序的基础上，就消除了集团成员间在办公工作形式上的一些等级差异；北欧的家具设计师在很长的一段时间内"联合"起来设计一些典雅简朴的家具，在营造了一种家具设计氛围的同时，也引导了社会的简朴生活方式；各种充分考虑"人的因素"的家具设计，确立了人与家具之间的关系中人的"主动"地位，人使用家具，家具是人的工具和需要，人们需要轻松而随意、自在而优雅地使用家具，从此家具就不再是一种累赘。

—— 家具设计是一种创造性的活动，旨在确定家具产品的外形质量（即外部形状特征），它不仅仅指外貌式样，还包括结构和功能，它应当从生产者的立场以及使用者的立场出发，使二者统一起来。

家具设计师从家具使用者的立场和观点出发，结合自己对于家具的认识，对家具产品提出新的和创造性的构想，包括对外貌形式的构想、内部结构的构想、未来使用功能的构想、使用者在使用该家具时的体验和情感构想等，用科学的语言加以表达，并协助将其实现，这样的一系列过程就称为家具设计。

—— 家具设计是满足人们使用的、心理的、视觉的需要，在产品投产前所进行的创造性的构思与规划，通过图纸、模型或样品表达出来的过程和结果。

—— 在当代商业背景下，家具设计可能是一项具有商业目的的设计活动。需要完成对社会的责任和完成业主对具体产品设计任务的委托，达到社会、业主、设计师都满意的结果。

随着设计与加工的分离，家具设计越来越可能成为一项独立的设计活动，这在国内外家具业都已成为现实。

设计公司接受生产企业的委托，承担该企业的产品设计任务。这就需要了解企业的企业战略、产品战略和策略、企业产品市场定位、企业的生产技术条件、企业原有产品的背景等内容。在这里，设计师的个性与企业的需求之间会存在一些矛盾，因此，需要设计师做到对企业及企业文化的充分了解。

1.3.2 家具设计的基本原则

家具设计是一种设计活动，因此它必须遵循一般的设计原则。"实用、经济、美观"是适合于所有设计的一般性准则。家具设计又是一种区别于其他设计类型（如建筑设计、视觉传达设计）的设计，因此，家具设计的原则具有其特殊性。归结起来，主要有如下几点：

（1）科学的原则

按人体工效学的要求指导人机界面、尺度、舒适性、宜人性设计，避免设计不当带来的疲劳、紧张、忧患、事故，以及各种对人体的损害。

从设计学理论出发，遵循一定的设计理念、设计思想进行设计，体现设计的社会性和文化性。

按各种艺术设计方法（如形态构成原理、形式美的法则、符号学原理等）、系统论方法、商品学原理等科学方法进行设计。

遵从力学、机械原理、材料学、工艺学的要求指导结构、运动、零部件形状与尺寸、零部件的加工等设计，避免不合理的设计。

（2）辩证构思的原则

设计过程中的各种矛盾是不可避免的，如功能与形式的矛盾（如通过强度计算得出的零件截面积的结果与该尺寸在视觉上的强度效应之间的矛盾）、技术与艺术的矛盾（如一个让设计师不忍心放弃的外观形式却不具备现有的和潜在的制造技术）、企业与社会的矛盾（如红木家具生产厂家对珍贵树种的需求与社会生态保护之间的矛盾）、产品设计与产品营销（如设计策略与营销策略的差异）、设计理想与市场的矛盾（如设计师与顾客之间的审美差异）等，需要家具设计师根据自己的判断即运用辩证思维的原理指导家具设计，正确处理艺术、技术、功能、造型、材料、工艺、物理、心理、市场、环境、价值、效益等诸多问题。

(3) 满足需求的原则

即正确处理市场需求的多样性、人的需求的层次、生活方式的变化、消费观念的进展等问题，分别开发适销对路的产品。

在此原则基础上，我们认为："没有最好的设计，只有最适合的设计。"

例如：一些外形简单但适合大批量生产、造型单调但具有较高的实用价值、用材普通但具有较低的成本、耐久性较差但适合临时使用需求的产品，用设计的一般原则来衡量这类家具时，的确不能算是好的设计和好的产品，但考虑到一些特定人群（如低收入人群）和特定市场（如相对贫穷的农村市场）来说，对该设计的评价就可能该另当别论。

(4) 创造性的原则

设计的核心是创造，设计的过程就是创造的过程。设计中要反对抄袭，反对侵占他人知识产权，要提倡产品创新，提倡个性开发。

按照市场学原理，创新的产品在它产生的过程中企业可能会面临较大的风险，甚至要承担本不该由某一企业独立承担的社会责任，但是我们同时也要看到：创新产品的背后同时也往往蕴藏着巨大的商机和巨大的良好的社会效应。

(5) 流行性的原则

家具审美具有大众审美的特征，时尚性已经成为家具审美的主要方面。设计要表现出时代特征，要符合流行时尚，与时俱进以适应市场的变化。

(6) 可持续发展的原则

要在资源可持续利用前提下实现产业的可持续发展，因此家具设计必须考虑减少原材料、能源的消耗，考虑产品的生命周期，考虑产品废弃物的回收利用，考虑生产、使用和废弃后对环境的影响等问题，以实现行业的可持续发展。家具产品与人们的生活息息相关，在此原则基础上的设计，可以确保家具产业永远立于"朝阳产业"的地位。

(7) 系统性原则

家具设计虽然最终反映出来的结果是家具产品，但设计过程中所涉及的问题却是多方面的。因此，设计师必须以系统的、整体的观点来对待设计。

家具产品与社会系统、市场系统、原材料供应体系、企业生产条件系统、企业销售系统等均发生密切关系，因此，产品设计师不应该只关注自己所处的设计系统，而应该了解与此相关的其他信息、技术、条件，以便能真正地实现设计目的。

家具设计的内容并不仅局限于我们常认为的造型设计、结构设计，而应该对产品的整个生命周期进行设计，包括对顾客使用家具的引导与设计（引导消费者选用何种家具和如何使用家具），对产品功能的设计（预先确定家具产品的功能），对原材料选择的设计，产品在生产过程中对生产技术条件的具体要求（如现行生产工艺是否适合此产品），对产品包装、运输形式的设计，产品展示设计，产品营销方式的设计，使用过程的设计和使用说明书的编写，产品报废处理形式的设计，等等。将这种形式和内容的产品设计称为"整体产品设计"。

前面所论述的都是家具设计师在进行设计活动时所应遵照的基本原则，遵循一定的原则所进行的设计就是"理性设计"。与此相对应的便是"感性设计"。"感性设计"只片面地强调设计者的感觉和个性，这作为艺术创作的形式之一当然无可非议，但作为产品设计则应是要尽量避免的。

人类的任何行为都没有亘古不变的行为准则,家具设计也是如此。随着人们对社会的认识、对生活的认识、对设计的认识、对家具的认识的不同和改变,家具设计原则必将发生着"与时俱进"的变化。

1.3.3 家具设计的一般程序

和设计原则不是一成不变的一样,任何设计行为模式也都不是固定不变的。

根据人们长期的家具设计实践和部分成功的家具设计师的经验总结,我们归纳出了家具设计的一般程序(如图1-11所示)。

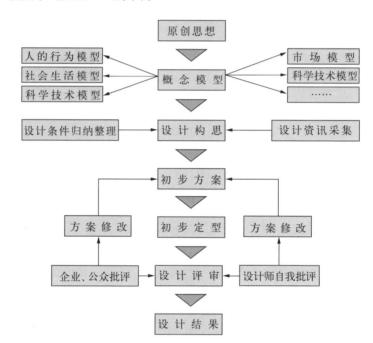

图1-11 家具设计一般程序示意

1.3.4 家具设计思想概说

设计应该是有目的的,不管这些目的可能是政治目的还是艺术目的、技术目的、经济目的等。有目的的设计活动必然是在一定思想指导下的设计活动。因此,设计思想对于设计活动是至关重要的。

当前的家具设计活动正处于一个"百家争鸣"的活跃时期,各种设计思想层出不穷,各领风骚。大致归纳起来,主要体现在如下几个方面。

(1)以自然为本的生态设计思想

为应对环境污染、资源危机等生态问题的一种设计思想。倡导关爱自然,人与自然和谐相处,共同发展,实现在生态可持续发展前提下的社会、经济、人类本身的可持续发展。主张简朴生活,倡导简约生活方式,反对浪费和奢侈。

在设计上主要表现为倡导简约设计和简单设计,大量采用绿色生态材料和可回收的材料,避免或尽量减少产品在设计、生产、使用过程中的浪费和环境污染,通过设计引导人们正确的生活态度。

(2)继承与创新

传统与现代的问题是所有设计领域都面临的一个理论问题。

"传统"是经过长期积淀而被历史所选择的具有稳定形式和内涵的风格模式;"现代"

是适应当今社会生活和对未来具有巨大影响的历史的必然选择。两者之间既有相融又有冲突。"传统"以一种思维惯式甚至是一种约束在影响着当代人，尤其是"传统"的辉煌经常成为人们思维的"樊篱"。而"现代"是每个人不可选择的历史必然，是一种客观的现实存在，它与当代每个人的生活密切相关。我们不能回避而必须面对诸多现实问题。

处理传统与现代之间的关系问题在设计上主要表现在对传统设计风格的认识和理解上。基于传统对于传统的认识和理解以及基于当代对传统的认识和理解成为我们处理这个矛盾的基础。

对于这个问题，大多数人所取的态度是：继承与创新。即在汲取传统精华的基础上顺应当代的变化与发展。

（3）功能主义思想

功能主义设计思想是20世纪以来世界设计界的主流设计思想主义，是现代主义设计思想的精髓。强调形式服从功能，主张"功能第一"的观点。从强调功能出发，倡导有效、有利、科学和理性的设计，强调设计与社会、与人的关系。

在设计上主要表现为简约有效的设计，合乎功能的设计，为社会发展和经济发展服务的设计。将其他领域对设计有利的研究成果引入设计范畴，使设计更加理性。

（4）系统设计

强调设计并不只包括设计本身，而是与设计相关的其他的所有因素相关联。只有取得设计所有因素优化的同时，才能取得最佳的设计。这是"系统工程"思想在设计中的具体反映。

在设计活动中主要表现在分析与设计主题有关的所有其他要素，把设计工作看成是一个"系统工程"，把设计目标分解成若干个与此相关的子目标，在求得整体目标最优的前提下合理地解决设计中出现的各种问题。如把设计与技术、市场等因素联系起来。

（5）商品化设计思想

认为设计也是一种商品，和其他有形商品一样，追求商品的最高价值。

分析和理解设计过程以及设计结果中的各种经济因素，如设计、生产、流通、消费的成本因素和价值因素，探讨设计本身以及由设计所带来的最佳社会价值和经济价值。

（6）人性化设计思想

从关怀人本身的角度出发，不但关心人的生理，更加关心人的心理，包括社会心理和个人心理，探讨人最需要的和在人的心目中最有价值的东西。

（7）生活化设计

从生活的过程和细节入手，分析生活的内涵、意义、质量、过程、效率、内容，从而满足各种生活的实际需要。而不是片面地强调所谓的理念与思想。

（8）国际化与本土化

应对当今国际经济一体化、文化一体化的局势，主张在国际化设计主流的基础上强调设计的本土化、民族化。

（9）个性化

倡导设计师的个性与差异，针对同样的设计问题，寻求不同的解决方案。主张个性的张扬，反对千篇一律。

设计思想的问题是一个严肃、严谨而又非常复杂的学术问题。在当今社会里，很难取得设计思想的一致，因而出现了各种不同的设计理念。这里不在赘述。

2 家具造型设计

"型"是指对物体"形象"的总称。造型可以理解为名词和动词。当作名词使用时，是指"物体的形象"，英文注解为"model"；当作动词使用时，是指"创造物体的形象"，英文注解为"modeling"。西方国家很少使用"造型"这个名词，而广泛地用"设计"（design）来表示。

物体形象是物体外观特征的综合描述。它包括物体的形态、功能、色彩、材料等要素的总和。

对家具形象进行构思、表达和实现等一系列"塑造"的过程就称为"家具造型设计"。由此可以看出，家具造型设计的主要工作内容包括家具形态设计、结构设计、色彩设计、装饰设计、形象设计等。

家具设计的主要内容包括家具的形式要素设计和家具的技术要素设计。针对家具形式要素的设计就是对家具的形象进行设计，也就是通常所说的家具造型设计。家具技术要素的设计就是对家具中所包括的各种技术要素如材料、结构、工艺、设备等进行设计，也就是通常所说的家具技术设计。

特别需要强调的是："造型"的概念不是单纯的外形设计。它不仅包括产品形态的艺术设计，而且包括与实现产品形态及实现产品规定功能有关的材料、结构、工艺等方面的技术性设计。因此，严格地说，家具造型设计的概念与家具设计的概念是等同的。但是，在中国，"造型"设计主要指"形象"设计。又因为家具设计包括形象设计和技术设计的内容，所以将本教材称为"家具造型设计"。在这里，"家具造型设计"与"家具形态设计"、"家具形象设计"同义，从学术上说，这种做法是欠妥的，但为了符合中国人的叙述习惯，仍称为"家具造型设计"。

家具造型设计是家具设计的基础，也是家具设计工作的先导。人们认识事物的过程总是从感性认识上升到理性认识，认识家具也是如此。通过感官获取对于家具的第一印象，并做出"喜欢"或"厌恶"的初步判断，进而产生对家具进一步了解和认识的想法。不能引起人们感官刺激的家具形态在第一时间内会被人们自觉忽视。只有当家具造型能引起人们兴趣时，人们才会进一步去了解家具的功能、家具的意义等内容。因此，可以认为家具造型设计是家具设计意义的基础。家具设计工作是一项具体的工作，家具设计首先是从造型设计开始，按照人们对于家具的预先构想确定家具的形象，进而从技术的角度来实现这种形象。

按照不同的设计目的，可以将家具造型设计划分为家具产品造型设计和家具艺术造型设计两类。家具产品造型设计是指以产品为目的的造型设计，旨在塑造能为人们生活带来各种方便、效用和审美的家具产品。既然是产品，除了具有明确的设计文化思想外，还必然与功能、生产、技术、批量等具体的产品概念结合在一起。例如，对于一把椅子的造型设计，除了要考虑与椅子有关的设计文化外，最起码的设计标准是要保证它必定是一把能坐的椅子，因此，它的造型必须具有合适的形态、稳定性、结构强度、合理的尺度，必须考虑它能用什么材料制作，通过什么技术、工艺制作，成本是多少等内容。家具艺术造型设计是一种艺术创作，可以认为是一种与绘画、雕塑、音乐、文学等艺术形式相同的艺术形式。家具艺术设计是一种纯粹的精神活动。同样还是一把椅子，如果是用这把椅子的形态来单纯地表达设计者的思想感情，这时的椅子就变成了一件雕塑，这把椅子是否能坐、是否能坐得稳等因素就变得不重要了。

事实上，由于家具产品造型设计同样也追求家具的美学价值，要将家具产品造型设计与家具艺术造型设计截然分开是不可能的。

2.1　家具产品造型设计

家具产品造型设计以产品为设计目的，因此首先要了解产品的意义。

生产出的物品则称为产品，主要是指人们使用工具的领域，包括生活用器具、交通工具和机械等。通常的"产品"是指以实用功能为主体的商品，包括以机械化生产为基础的大批量的产品，也包括运用高科技手段生产出的满足个性需求的多品种、小批量、柔性化的、高附加值的产品。

产品设计是发现人类生活所真正需要的最舒适的机能和效率，并使这些机能、效率具体化，从而达到协调环境的目的。产品影响和决定着人们的生活方式和工作的劳动方式。换言之，产品设计的真正使命是提高人的生存环境质量，满足人类不断增长的需求，从而创造人们新的更合理的生活方式。

家具企业开发产品往往不是一步到位的，需要有一个探索的过程。探索与产品有关的社会因素、技术要素、市场要素，并修改原有的产品设计创意，继而为即将推出的产品"造势"。完成这一系列过程最好的手段就是进行产品概念设计，完成概念产品的制作，并利用"展览会"等机会让概念产品直面市场，征求关于产品的各种意见，同时为日后的产品开发准备必要的技术。

2.1.1 家具产品概念设计

家具产品概念设计是一种设计探索,旨在探索一定的设计思想、设计理念。家具产品概念设计常常从某一设计理念出发,并围绕着这一理念展开,"论述"该命题中所包含的各种关系来阐述这一设计理念。概念设计是设计思想的物化。这里我们便发现设计思想对于设计的重要性。

家具产品概念设计是一种技术探索,发现新产品开发所必须解决的主要技术问题。从新的创意出发到制作出概念产品,类似于应用技术研究中的"小试"。我们知道,一项应用技术成果的生产力转化需要经过"小试"——"中试"——"生产性实验"的过程,其中"小试"一般在实验室完成,主要目的是检验技术思想的正确与否、现实生产的主要技术路线、生产力转化的基本可能性等问题;"中试"可能在实验室也可能在小型生产现场完成,主要解决生产工艺问题和取得相关生产工艺的技术参数;"生产性实验"的目的是验证生产技术,并摸索成熟的生产工艺。通过概念产品得到产品的雏形,并提出将概念产品转化为商品的技术思路,为今后的产品生产技术的研究做必要的技术准备。

图2-1 家具产品的概念设计

家具产品概念设计是一种市场探索,检验企业将要开发的产品的市场前景,为产品开发探求方向。企业通过各种市场媒体如展览会、新闻发布会、网络、书刊杂志等推出概念产品设计,以便得到市场对于该种产品看法的各种信息:用户的审美反应、价格期望值、改进意见等,为日后的产品开发积累必要的素材。

概念产品设计最先在汽车工业领域被采用,现在已逐渐推广到家电产品、轻工产品、家具等领域。在家具行业,有许多企业利用展览会的机会推出概念产品,充分征求经销商和消费者的意见,对原有设计方案进行修改,在日后的恰当时机推出新产品。

图2-2a所示是某企业的产品概念设计草图。图2-2b所示是征求市场意见后正式推出的新产品。

家具产品概念设计是一种宣传活动。在当前条件下,一种产品、一个品牌在市场上很难"一炮打响",有可能要对将要推出的产品通过"吊口味"的方式进行"造势"。汽

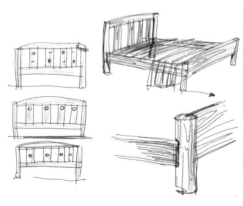

图2-2a 概念产品
图2-2b 现实产品

车领域经常出现这样的情景：在汽车展览会上出现一款好的概念车，吸引了一批消费者，这些消费者发誓非该款车不买，甚至对其他的优秀车都毫无兴趣。经过这一段"酝酿"过程，当该款车的产品推出时，畅销是自然的。与用大量的正式产品做市场试销、推广相比，这种宣传形式的代价就低得多。

家具产品概念设计是设计的一种形式，设计内容以宏观要素和全局要素为主，不一定深化到具体的技术细节。家具概念设计可能涉及到家具功能定位、家具形态、主要材料、基本结构类型、日后产品的价格定位等有关设计、技术、经济、市场的因素，是对产品的一种"说明"。这些说明对宏观要素和全局要素以"提出问题"的形式来表达。局部和细节的问题留待今后的开发工作去解决，如图2-3所示。

家具产品概念设计是一种学术活动。关于设计的学术交流可能以多种形式出现，其中对设计理论的理解和论述、针对设计作品的交流与批评是主要的形式之一。以概念设计作品为题材进行学术交流，当自己的设计思想一旦确定后，就可以以最快的速度表达其思想，而不一定等到作品最终完成。以概念设计作品为题材进行学术交流同时还避免了有关作品知识产权、市场机密的纠纷，如图2-4所示。

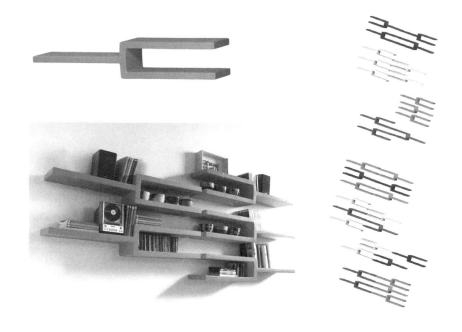

图2-3 主要涉及家具形态的家具产品概念设计

图2-4 体现"再生"设计理论的家具产品概念设计

2.1.2　家具产品造型设计

家具产品造型设计首先是一种造型活动,同时它是一种与产品有关的造型活动。如果单纯作为一种造型活动的话,严格说来是没有任何限制的;但作为一种与产品造型设计有关的设计活动,其设计就具有了相应的限制。

（1）形态的限制

产品具有明确的物质功能目的,这些物质功能需要借助于一定的形态来实现;反过来,形态的功能性也十分明确,一些特定的形态实现一些特定的功能。产品造型形态不能完全依设计者随心所欲。床是用来睡眠的,功能表面应该是水平、平整的,不能将床面设计成倾斜的和凹凸不平,要想让床的设计别具一格,设计者会将更多的设计花在床身、床头和其他部位上,而不是在床面的形态上下功夫;作为一件坐具,必然要有足够大小的座面,否则,就不成为坐具,无论椅子的结构形式怎样构成,座面都应该是一个"面",而不是一个"点"或一条"线"。

在绘画等艺术创作形式中,只要我们能表达得出的各种形态都可以用于造型设计,但产品的造型设计不尽然。可以表达但制作非常烦琐的形态不利于在产品中出现。如各种复杂的有机形态等。当然,个性化产品又应该另当别论。

（2）材料的限制

产品最终是由对应的材料生产出来的,各种不同的材料具有不同的特性如功能特性、物理力学性能、加工特性等,因此,不同的材料具有不同的造型特性。这就是通常所说的材料的设计特性。某种材料只适合一些特定的造型,对这种材料的使用就应该遵循其规律。如木材,当它以大方材、厚板材的形式出现时,表现出规整的几何特征;当它以线材和薄片形式出现时,可以加工成曲线或曲面的形式;人造木材则可以和塑料一样,按照人们预想的形态来进行成型,如图2-5所示。

与概念设计不同,概念设计可以假想一种具有独特造型特性的材料用于造型设计之中,而后等待科学技术的进步来实现这一"愿望"。而产品造型设计必然是以现实材料为设计依据。产品设计师在注意材料的固有特性、材料外观特征、材料的肌理等特性的同时,还得注意材料制造、加工便利的特征,经济成本及材料的废弃与再生利用的特性。

在这里,我们尤其强调产品设计师对材料的熟悉与了解。有人说：材料是设计的灵魂。

图2-5　人造木材表现出来的优良的造型性能

(3) 生产技术的限制

把一定的材料加工成我们所需要的产品形态，生产技术起着关键和决定性的作用。科学技术尚未发展到可以将任何材料进行随意加工的程度，即使是对同一种材料的加工，不同的生产企业其加工手段也各有不同，有先进和落后之分。因此，产品造型设计必须考虑现有的生产加工技术状况。

中国当代家具产品设计与世界发达国家的产品相比，细节的设计是一个明显薄弱的环节。而对细节的设计在很大程度上决定于生产技术水平；中国当代家具产品质量问题也是困扰着许多企业的严重问题之一，在现代生产条件下，人即加工工人的素质对产品质量的影响越来越小，生产硬件的质量对产品质量的影响越来越大，产品质量问题与生产技术水平的关系也非常密切。

(4) 成本的限制

产品造型设计最终的目的是设计出受消费者喜欢的产品，从而赢得市场，争取最大的经济效益。利润靠购买来实现，消费者购买产品时不得不考虑产品的价格，而产品价格的最终决定因素是生产成本。

产品造型设计可以从根本上控制产品的成本。产品造型设计决定了材料的使用、材料使用数量的多少从而决定了产品的材料成本；产品造型设计决定了产品形态从而决定了产品的生产工艺成本；产品造型设计决定了加工的难易程度从而决定了产品的加工成本；产品造型设计与生产技术密切相关从而决定了产品的技术成本；产品造型设计决定了产品功能、使用性能是否合理从而决定了产品的维修、使用成本；产品造型设计对产品的包装、运输成本也有着直接和间接的影响。因此，"产品的成本是设计出来的"。

综合使用和市场的要素，对任何产品都必然有成本限制，造型设计就必须考虑这个因素。

(5) 市场的限制

产品造型必须符合消费者的审美需求。消费者的审美又分为大众审美和个性审美。在一定条件下，设计师的审美取向与消费者的审美取向不一定完全相同，换句话说，设计师欣赏或喜欢的造型不一定得到消费者的认可，这就需要设计师在这种区别之间做出选择。最终确定的产品造型不一定是设计师满意的造型。

2.2 家具艺术造型设计

概括起来说，家具的类型有两种：一是作为产品形式出现的家具；一是作为艺术形象出现的家具，如图2-6所示。

由于家具设计的目的不同，家具造型设计的思维和手法也各不一样。

家具艺术历史悠久，形式也丰富多彩。概括起来，家具艺术主要以下列表现方式存在：艺术创作的载体；工艺美术家具；室内陈设艺术品。

2.2.1 一种艺术创作载体

家具自出现以来就以日用品和艺术品的形式出现，到现在为

图2-6 艺术家具

止，这种情况还一直延续着。我们经常看到许多如"行为艺术"类型的家具、如"雕塑艺术"的家具等，这些都是以纯艺术的形式存在的。

这些以纯艺术形式出现的家具在设计过程中没有固定的模式，一切以设计者自身为准则。如果要说有什么方式、方法的话，它们遵从的是艺术设计的原则，是一种纯粹的艺术创作。

家具的功能形态及其功能形态的"异化"既是人们熟悉的一种形态，同时又是一种人们喜闻乐见的创作素材，如图2-7所示。

家具形态与人们日常生活联系在一起，贴切地反映人们的生活行为，是"行为艺术"创作不可多得的题材，如图2-8所示。

家具形态是一种可视的空间形态类型，构成形式千姿百态，构成手法灵活多变。以家具形态构成为基础的艺术形态具有典型的"雕塑"艺术感，如图2-9所示。

家具形态是一种实体物质形态，融材料、结构、肌理、色彩等艺术造型元素于一体，可以充分反映创作者的思想、感情、审美观等精神的要素，如图2-10所示。

总之，关于艺术创作的形态构成规律、形式美的法则等创作手法都可以借助家具反映出来。就像人们可以用绘画、文学、电视电影等不同媒体来进行艺术创作一样，家具形态也是艺术创作的载体之一。

2.2.2 家具的工艺美术设计

(1) 家具的工艺美术特点

工艺美术是在生活领域（衣、食、住、行、用）中，以功能为前提，通过物质生产

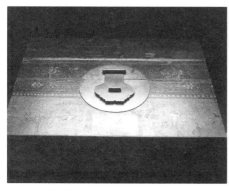

图2-7 功能变异的家具艺术造型

图2-8 家具造型作为行为艺术设计

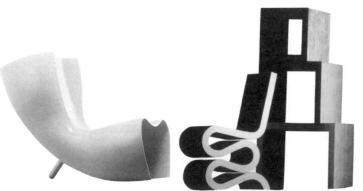

图2-9 立体（空间）构成的家具造型

图2-10 家具造型艺术中材料艺术特性的发挥

手段的一种美的创造。

工艺美术种类繁多，家具在其中扮演着十分重要的角色。工艺美术是生活的美术，涉及到人们的各个生活领域，如食、衣、用、住、行等，其中家具影响到用、住两方面。从工艺美术的功能目的来看，大体可分为生活日用和装饰欣赏两大类，家具从诞生之日起就既是日用的器具，又是一种关于装饰的艺术。从古至今，有很多纯粹用于装饰、装点的家具类型，如古代家具中的花几、香案等。从工艺材料角度对工艺美术进行分类的话，木器占有很大的比重，而家具是主要的木器类型。从制作方式角度来看，工艺美术可以是手工制作形式，也可以是机械生产等现代化生产方式。家具生产同样经历了从手工生产向现代化生产转化的过程。传统家具生产以手工生产为主，现代家具生产以机械化生产为主。家具融传统工艺、民间工艺、现代工艺于一体。即使是当代家具产品，仍可以发现各种工艺类型的痕迹，如图2-11所示。因此，家具的历史本身就是一部关于工艺美术的历史。

图2-11 具有工艺美术特征的现代家具

（2）由家具的功能形态本身所成就的艺术造型

由于家具与人们的日常生活行为发生密切关系，而人们的生活行为又是千姿百态的，以"生活用品"为目的的家具形态必然丰富多彩。

许多满足人们使用目的的家具形态本身就是一种艺术形态。其具体反映如下：

由"多功能"设计目的产生的家具组合造型　我们可以把组合家具整体分解成各种不同功能的造型单元，各个造型单元按照一定的形式美的法则进行排列、组合，从而塑造出具有艺术感的整体造型，如图2-12所示。

由体、面、线、点、色彩、质感等形态要素构成的形态构成形式　家具的不同功能单元、功能部件以不同的形态出现，如各种柜体以"体"的形式出现，台面、桌面、独立的板块等以"面"的形式出现，腿、支撑、板件的侧面等以"线"的形式出现，拉手、装饰件、配件等以"点"的形式出现；材料本身的色彩、生产过程中（涂饰、覆面等工艺）对材料的附加色，使得家具表面色彩变化无穷；木材朴实无华、清新自然、温暖调和的质感，金属光亮洁净、细腻的质感，织物柔和缠绵的质感等，都可以充分反映出创作者思想和情绪，其表现力无穷无尽，如图2-13所示。

不同使用功能的家具单体形态所表现出来的艺术感染力　通过椅子、台、桌等需要支撑的家具形态所塑造的"力度感"，如图2-14所示。功能单元的重复如抽屉的排列、构件的并置等形成的"节奏感"和"韵律感"，如图2-15所示。沙发等功能简单或单一的家具形体的形态可变异性，如图2-16所示。功能不十分明确，可自由发挥的家具形体等，如图2-17所示。

图2-12 多功能家具构成的艺术形态

图 2-13　家具艺术形态构成

图 2-14　具有力度感的家具（左图）

图 2-15　家具零部件排列所形成的韵律感（右图）

图 2-16　由使用者创造发挥的设计（左图）

图 2-17　使用过程中由使用者自由想象的家具（右图）

家具制品各细部处理表现的工艺美 家具细部处理成为家具设计师不可忽视的重要环节。一个圆角、一个倒棱、一个拉手形状的设计处理,拼缝的连接,都成为设计师展示才华的"舞台"。如两个零件的接缝处的处理。如果不加任何设计让它们直接接合的话,裂开的接缝是不可避免的,而且这种接缝直接反映出家具品质的好坏。设计师巧妙地在其中"插入"一连接件,或者将相互连接的部位倒圆,故意让接缝更明显,则可以改善接合处的视觉效果,家具不但不会因接缝的存在显示不雅的细部,反而会使细部更加生动和精彩,如图2-18所示。

精良的质量品质所反映出来的技术美 家具消费者中有一种"共识":家具的艺术性在某种程度上是"公说公有理,婆说婆有理",而家具的精良品质是"有目共睹"的,精良的品质可以改善家具的艺术审美认识,精良的品质可以"弥补"家具艺术气质的不足。

家具的装饰特征 家具艺术和其他艺术形式如建筑、绘画等一样,具有不同的艺术风格。体现家具不同的艺术风格的特征很多,其中主要是通过家具装饰特征来体现。装饰形式、装饰图案、装饰方法的不同,赋予了家具不同的艺术特色。

(3) 充分发挥家具材料的特点所展示的各种家具成型工艺

家具具有它特有的工艺形态。除了不同功能的家具其形态各有差别外,主要表现在不同的家具材料所构成的家具形态具有较大的区别。

实木家具是最传统也是最常见的家具类型。最初的实木家具结构基本采用榫卯结构的形式。这种结构形式具有很强的手工工艺的特点。现代家具也采用榫接合的结构,为了强调家具的工艺特征,有很多设计故意将这种结构特征"外露",如图2-19所示。

图2-18 家具细部处理表现家具的工艺美

图2-19 家具的结构特征"外露"

实木家具中工艺特征较强的还有曲木家具类型。通过特殊的工艺将木材加工成各种弯曲零、部件，再拼装成家具。这种家具类型具有独特的性格品质，如图2-20所示。

木材是一种工艺性很强的材料，用它来生产家具时，可以对它进行多种形式的加工，如：锯、刨、铣、钻、磨、车、弯、雕等。不同的加工手段带来家具、家具零部件不同的形态特征和视觉特点，从而赋予家具不同的艺术性格。

竹、藤类家具以竹材、藤材为主要材料制成。竹材、藤材可以进行诸如编、织、绑、扎等手工艺特征极强的加工。因此，竹、藤类家具的工艺特征最强，如图2-21所示。

图2-20　曲木家具类型

塑料材料可以被加工成各种形状，因而受到设计师的青睐，如图2-22所示。芬兰著名设计大师库卡波罗教授一直希望能设计出完全适合人体形状的座椅，并经过了多次实验，直到"玻璃钢"材料问世，他才如愿以偿，终于设计出了被公认为最舒适的椅子，如图2-23所示。

对织物、皮革等材料的加工近乎可以随心所欲，因此，这类材料一直是家具设计师关注的重点。通过使用这类材料，设计师们创造了艺术特征极强的家具，如图2-24所示。

近来，被称为"铁艺家具"、"石材家具"、"玻璃家具"的各种材料类型的家具制品不断问世，受到了消费者的青睐，如图2-25所示。

所有这些，都是针对各种家具材料不同的生产工艺特点而设计的款式各异、风格迥异的家具类型的例子。在这里，"材料是设计的灵魂"的论点再一次得到验证。

(4) 家具的装饰特征和装饰手法设计

家具的装饰特征是家具的基本形态特征之一，可以说有家具就有装饰。

总结家具的装饰特征可以从下列几个方面着手：家具装饰的作用、装饰的手法、装饰的基本元素（如装饰图案、线脚形式、细部处理等）等。

从家具的装饰作用来看，有功能性装饰和形式性装饰两类。前者将家具的功能与装饰结合在一起，既有确定的功能作用，同时又具有装饰的作用；后者则纯粹为了装饰。这在某种程度上成为家具装饰设计思想的"分水岭"，如"装饰主义"为了装饰而装饰，而"功能主义"设计思想反对多余的装饰，主张装饰为功能服务。

如图2-26所示是一组拉手的设计，拉手无疑是家具的功能件，如果对拉手的设计稍加考究，拉手同时又成为家具表面生动的装饰元素。

家具的装饰手法多种多样，主要有如下几种。

表面装饰设计（不同材料的表面装饰设计） 　家具表面装饰是家具的基本装饰类型之一。家具表面装饰的作用有二：一是改变家具的功能品质；二是改变家具的视觉印象。

涂饰是常用的装饰手法。涂饰可以有效地保护家具表面材料。木材经过涂饰以后，可以改变木材的表面质感、耐磨性能、抗污物黏附等品质。金属表面经过涂饰，既可以改变金属的表面质感，又可以抗腐蚀、抗氧化。涂饰装饰可以将涂饰材料的色彩附加在

图 2-21　藤家具

图 2-22　塑料家具

图 2-23　玻璃钢材料成就了良好的功能

图 2-24　织物在家具中的运用

图 2-25　各种材料的家具

图 2-26　一组具有装饰性的拉手

图 2-27　涂饰工艺改变了家具的颜色

家具表面上，从而使家具的色彩千变万化。如图 2-27 所示是在相同的木材表面上做不同色彩的涂饰，成就了不同的家具色彩。

覆盖是将一种装饰性能好的材料采用相应的生产工艺覆盖在家具基材表面。我们通常所见的板式家具就常采用这种装饰形式。由于板式家具所用的基材为人造板如胶合板、中密度纤维板（MDF）、刨花板等，而这些材料的表面装饰性能都不同程度的存在一些缺陷，我们采用装饰纸、塑料装饰薄膜等装饰材料，采用不同的方法（如手工粘贴、滚贴、机械高温压贴、机械真空粘贴等）将其覆盖在人造板表面上，所反映出来的表面品质就是这些装饰材料的表面品质。覆盖本身也可以是多种形式，如人造板表面贴薄木或微薄木，除了整张、整块覆贴外，还可以根据薄木或微薄木的不同纹理、树种、色彩等性质进行拼图粘贴，如图 2-28 所示。

图 2-28　人造板表面的覆盖处理

图 2-29　织物的褶皱

图 2-30　固定皮革的鼓泡钉

图 2-31　雕刻装饰处理　　　图 2-32　镶嵌乌木、象牙装饰的家具　　　图 2-33　家具表面绘画装饰

针对不同的材料可以采取不同的表面装饰方法。如金属材料表面可以进行镀膜、喷塑、氧化等处理。玻璃材料表面可以进行喷砂、磨砂处理。皮革材料表面可进行压花处理。各种织物可进行拼接、褶皱、钉皱处理。图2-29所示是织物的褶皱。图2-30所示是皮革的鼓泡钉边缝固定处理。

雕刻装饰设计　由于传统家具和当代大部分家具均是由木材和木质材料为基材,而木材和木质材料的加工特性中的雕刻性能是其他材料无法比拟的,因此雕刻一直是木质材料表面装饰的重要手法之一。雕刻的类型、手法、图案很多,各种材料的雕刻工艺特征也有所不同,这些将在其他的章节中详细加以讲述。图2-31所示是家具表面的雕刻装饰案例。

其他工艺装饰类型　各种艺术手法均可用于家具装饰。下面简要列举几例。

镶嵌：将一种材料采用特殊的方法以实体的方式"置入"另一种材料之中的工艺类

图2-34　家具表面做旧装饰

型。例如将金属、石材、贝类等嵌入木材内,通过这些材料与木材不同色彩、不同质地的对比,或利用这些被嵌入材料所构成的图案等因素来形成一定的装饰效果,如图2-32所示。可用于镶嵌的材料很多,除了上述列举的金属、石材、贝类外,还有玻璃、塑料、竹材、藤材以及制品等,不同树种的木材本身也可用于镶嵌装饰。运用镶嵌装饰时要考虑的主要技术因素是基材与被镶嵌材料之间的收缩与膨胀性能。

绘画：以家具为基体,在家具表面上直接描绘,如图2-33所示。

做旧：采用一些特殊的方法,让家具表面或家具整体呈现出污渍、变色、破损、磨耗、虫蚀、多次易主等特征的历史沧桑感,如图2-34所示。

烧灼：木质家具表面采用烧灼的方法形成特殊的质感和色彩。木材表面由于边、心材和早、晚材的质地、结构疏密、硬度等均有所不同,采用喷烧的方法,可以在质地疏密、松软不同的部分产生不同深度和不同程度的烧灼和炭化,从而产生不同的表面效果。通常是心材、早材等质地松软的部分因烧灼较多而产生"凹陷",相对的边材和晚材等质地密实的部分因烧灼程度较轻而"凸起",形成特殊效果的凹凸棱。在木材和人造板表面可施行烙烫处理,被烙烫部分焦化或炭化因而产生不同的焦黄或焦黑色彩,烙烫出不同的图案。

总之,一切能产生特殊装饰效果的装饰工艺均可用于家具装饰。

分析上述家具艺术造型的手法和特点,其目的是指导家具设计师的艺术创作,为设计者提供基本的创作思路和创作手法。

图 2-35　家具用来分隔室内空间

图 2-36　家具用来点缀室内空间

图 2-37　家具用来组织室内空间

图 2-38　吊柜改变了原有墙面平面的形态

2.2.3　家具作为室内空间陈设艺术

建筑史、室内设计史、家具史的研究表明：家具与建筑共生相伴；家具的艺术、技术与建筑艺术、技术相互依存、相互促进；家具作为建筑、建筑室内空间功能的补充与深化而存在；现代家具在现代建筑设计中扮演着非常重要的角色。

在前面的章节中，我们已经论述了家具在建筑室内空间中所起的作用，这里具体阐述怎样使家具成为室内空间陈设艺术的一部分。

(1) 室内空间功能的完善

现代设计原理告诉人们：艺术设计为功能设计服务，形式离不开功能，形式设计与功能设计共同构成设计的主要内容，二者密不可分。因此，在探讨造型设计时，功能是不可缺少的内容。家具存在于室内空间时，家具功能作为室内空间的核心功能所起的作用是不容忽视的。

对室内空间功能的设计本身就是一种艺术。同样的功能可以采取不同的形式、不同的形态、不同的过程来实现。例如，室内空间的分隔既可以采取类似墙体的构筑性"隔断"来实施，也可以采取布置家具的方式来实现，如图 2-35 所示。

室内空间中的大部分功能是借助于家具体现出来的。对于一间空旷的室内空间来说，即使对室内空间界面（顶棚、地面、墙体、门窗等）进行了实质性的装修和装饰，仍然可以认为无性质和风格可言，但当补充了必要的陈设、家具之后，其状态就明显发生了改变。

不同的功能形式对应着不同的造型形式，与家具相关的相同的室内功能也可以通过不同的家具造型反映出来。这为家具设计创造了丰富的想象空间。

当室内空间的基本功能决定以后,家具可以使一些抽象的功能实现得更加具体和具象;家具还可以作为点缀和补充,可以使室内功能实现得更加完善和生动,如图2-36所示。

(2) 组织室内空间构成

建筑设计和室内设计基本任务之一是营造和组织室内空间构成。构成室内空间的手段多种多样,合理地利用家具是其中的手段之一。例如在合适的建筑空间部位构筑家具,让其充当建筑实体的一部分,或者合理地利用家具布置来组织室内空间等。这时的家具设计就成为了建筑设计艺术的重要组成部分,如图 2-37 所示。

(3) 塑造室内空间形态

当建筑设计完成之后,室内空间形态的雏形已基本具备,考虑到建筑外形的变化,建筑设计所形成的室内空间形态往往会存在许多缺陷,室内设计的任务就是补充、完善、丰富这些内容。吊顶处理、地面处理、墙体的处理除了改变这些建筑因素的品质外,改变它们的基本形态也同等重要。

室内设计最基本的内容之一是家具设计。这时的家具设计就成为了在室内空间整体构图中的局部空间形态设计,甚至是脱离家具原有意义上的空间艺术创作。

一组吊柜的设计改变了原有墙面平面的形态,使墙面有了深度方向的层次和变化,如图 2-38 所示。

楼梯下方固定式柜体的设计,改变了楼梯形态的虚实对比。

同样是具有睡眠功能的卧室,由于选用的床具类型不同,室内空间的形态构成发生了明显地变化。

从上面的例子可以看出:家具在室内空间形态构成上具有非常重要的意义。

如果把一个室内空间形态设计当作一个空间形态构成艺术整体来看待的话,家具形态就是这个整体作品中的细节。

(4) 丰富室内空间色彩

室内空间形态同样强调色彩的作用。

家具色彩是室内空间形态色彩构成的重要组成部分。

家具色彩可以是室内空间色彩的主色调,也可以成为补充色或点缀色。在不同的情况下,对家具色彩的设计显然是不同的。这也是目前室内装修工程中室内设计师普遍采用"定做家具"的方法的原因。由于市面上已有的家具是按照家具设计师对产品的色彩的认识来设计的,但其色彩构成不一定适合具体的室内色彩设计要求,与室内设计整体要求相适应,在选用家具配置时,室内设计师往往有自己特殊的要求,如图 2-39 所示。

图2-39 家具色彩成为室内色彩构成的重要组成部分

(5) 独立的室内空间艺术形态

前面已经说过，如果把室内空间比做一个"场景"的话，家具成为其中一个个鲜活的"角色"，每一个这样的角色都可以自由发挥或"逢场作戏"，这时的家具便成为了一个个独立的艺术形态。例如：中国明式家具包括古典的和当代仿制的都是作为一种陈设艺术被布置在西方国家的许多家庭里。他们没有把这些家具仅仅当作"家具"来使用、来看待，而是当作一件精美的艺术品来展示、陈列。许多公共室内空间也有许多这样的设计案例，如图2-40所示。

总之，家具是一种"多面手"，它可以充当许多不同的"角色"，家具可以是以多种"面貌"出现的，以"家具艺术"的形式出现，是它本来的面目之一。需要反复强调的是：这里虽然将家具造型设计归结为家具产品造型设计和家具艺术造型设计两大类，并不是代表它们是截然分开的两种类型。家具产品造型设计同样也要强调家具的艺术美，家具艺术造型设计与产品设计的具体要素同样密不可分。只是两者在设计目的上的侧重点不同而已。

图2-40 公共室内空间中作为艺术陈列品的家具

2.2.4 家具艺术创作方法

（1）生活是创作的源泉——深入生活、表现生活、美化生活

生活是一切艺术创作的来源。我们所见的各种艺术形式如绘画、雕塑、音乐、文学创作等都离不开生活。家具与人们的生活息息相关，关于家具的艺术更离不开生活。

社会生活成为家具艺术创作的主题。家具艺术设计需要关注社会矛盾、社会生活方式。例如：可持续发展的社会问题带来了许多绿色生态设计的作品；"传统与现代"的主题产生了许多关于对传统的认识的设计；"国际化与本土化"的问题使许多设计师深入地进行国际化特征设计的研究和使本土设计元素国际化的创作。

日常生活提供了家具艺术创作的内容、形式。任何艺术都需要用一定的形式加以表现，由于家具与人们日常生活发生密切联系，因此家具被用来表现日常生活中的美很容易被人们接受和理解。再者，将人们日常生活中的所见所闻表现在家具设计艺术上，也是家具艺术设计常用的技法之一。

为美化生活而设计是产生家具艺术设计的途径之一。按照人们的常规思维，家具与建筑、室内发生关联并存在于室内环境中，为配合建筑、室内空间艺术而进行的家具设计是家具艺术设计最常见的表现方式。

（2）工艺思维与工艺设计方法

家具自古以来就深深地打上了工艺美术的烙印，这是因为最初的家具是通过手工艺手段制作而成的。工艺美术设计思维最重要的一个特征就是将技艺、技能作为艺术创作的手段融入到作品的创作过程中。中国传统家具史系中的明清家具可以认为是家具艺术中的珍品，如图2-41所示。它们把木工手工制作、雕刻、镶嵌、漆艺等多种工艺美术手法用于家具设计与制作中，成就了中国传统艺术创作的大型篇章之一。

这种将工艺思维用于设计的方法至今仍为许多家具设计师所采用。中国当代著名家具设计师朱小杰先生从家具材料和家具手工制作技艺中获得灵感，吸取中国传统家具艺术的精华，创作了大量的优秀家具设计作品，如图2-42所示。

不同的家具类型在体现家具的工艺美术特质上会有不同的表现手法。木质家具常用的表现技法包括结构技巧、制作技艺和装饰三类。其中结构技巧主要包括家具的框架结构、特殊部位的特殊结构等；制作技艺包括加工方法、加工和装配顺序等；装饰技术包括木雕、镶嵌、金属和特殊材料的装饰、家具的表面装饰等。竹、藤类家具至今仍然具有强烈的工艺美术作品的特征，这是因为这类家具与木质家具相比，手工加工程度仍然很高。

(3) 科学技术在家具艺术中的运用

家具艺术设计非常重视科学技术在设计中的运用，尤其是当今时代背景下，任何艺术形式都避免不了科学技术对它的影响。熟悉艺术设计史的人们一定知道：科学技术在艺术设计发展的历史发展过程中起到了不可或缺的作用。现代设计风格与大工业生产技术紧密联系在一起，计算机技术深刻影响了当今艺术设计主流风格的后现代设计风格、新现代设计风格、波普风格等。

图2-41 中国明式堪称家具艺术的典范　　　　　图2-42 由木材获得的设计灵感

科学技术对设计的影响一般通过两种方式：一是科技本身在设计中的直接应用；二是科技影响社会文化，间接但更深刻地影响设计。这里以计算机技术对家具设计的影响为例，简单地说明科学技术在家具艺术中的运用。

设计之初，设计师要了解、收集和处理相关信息，计算机可以发挥巨大的作用。

设计构思的思考活动尽管非常复杂，但现在人们可以用计算机来模拟设计思考活动的模式，利用人工智能的计算机系统来执行设计中的理性部分，而使人把注意力集中在感性与创造性的部分。如可以利用计算机处理设计中出现的有关强度、应力等复杂的数学计算问题。

能使设计师产生无限遐想的，是计算机三维技术使用过程中所出现的在常人看来是"不可思议"各种瞬间三维图像。这些图像是设计师难以甚至是无法用手工绘制出来的。这使设计构思活动又多了一个"创作源"。

近年来，虚拟模型（virtual prototyping）和快速模型（rapid prototyping）技术得到越来越广泛的应用。虚拟模型主要是指直接由计算机产生的产品图形模型，可以对家具的任何元素如形状、材料、质感等进行精密分析与模拟，各种图库如材质库可信手拈来。还可以立刻改变透视角，以便获得许多不同角度的透视图供设计参考。虚拟模型具有由计算机建立的各种形状和运动机构，设计师可以直观地展现它的形状，也可以用运动的函数关系式来驱动各运动机构以模拟各机构的动态操作原理、特性及功能。快速模型是实际工作的模型，但并非手工模型。快速模型技术种类很多，常见的是激光烧结技术和计算机技术的结合。通过由CAD产生的模型数据来控制一个扫描仪，该扫描仪将一束激光反射到盛在槽中的液体表面上，并使该材料的表面层正好在激光到达处得到迅速硬化（烧结），烧结的大小、位置与CAD中的产品模型的相应截面完全吻合。然后再在其上覆盖一层新的材料，再由激光束扫描硬化。如此往复，将所有硬化的层叠加起来，就得到该实体模型。

使用CAD进行设计时，设计师画出任何一个形体的同时，其在空间的位置大小、体积等形体关系都会自动产生，如果需要从另一个观察角度来看的话，也只是点击一下鼠标的问题。这在手工绘图时是无论如何也达不到的。

在对形体进行修改时，计算机也同样表现出了巨大的优势。移动、缩放、删除、改变颜色等功能是大家熟知的，新一代的CAD系统还引入了更强的功能，它能迅速记录下每一个形态的几何信息，而且能记录下每一次造型操作的过程及结果，并在系统里自动产生一个操作链，必要时可对该操作链上的任何一个节点（存储了该次操作的过程和结果）进行修改和删除。这个过程包含了两种崭新的CAD技术，即基于特征的设计（feature-based design）和参数化设计（pararnetric-design）。

由此可见，计算机已成为设计工作的助手。习惯于用计算机进行创作的人可能认为它是一个不可替代的助手。

有人这样总结计算机在艺术设计创作中的作用：计算机不仅是一种具有超级模拟能力的工具，同时也是一个深不可测的对未来的创造者，有时由它所得到的结果是远在人的意料之外和超乎人的正常逻辑想象的，因而它完全具备了一个投石问路的先行者的资格。不仅如此，借助于计算机的存在，我们还可以尽情地但有时是似是而非地把人的各种设计理念加以解释、演绎和推断。

但也有很多人不以为然。尽管大家公认计算机在信息处理、形体表现以及设计中出现的时候是非常有效的，然而对计算机持反对意见的人士认为设计构思是一个非常感性的、凭自觉进行的过程，只能通过徒手速写或实体模型的形式来有效地进行方案的构思和表现，而使用计算机将使这些感性和自觉受到影响，因为使用计算机时，设计师的大脑里被迫又"多了一层思考"（即对计算机程序命令使用的思考）。

有人认为：计算机软件本身已带有一些绝对的观点，这些观点有的被辅助作为设计的逻辑推理，有的被作为判别是非的标准在设计师的设计过程中加以运用。显然这对于设计创新和设计的个性化是极为不利的。

综合上述各种观点，我们认为：无论计算机技术发展到何种程度，它最终只能是人的"助手"，永远不能替代人本身，永远不可能代替人来进行各种设计构思和创意。

3 家具造型形态类型分析

家具造型设计既是一种感性活动，需要有对形态的"直觉"，即对形态的感觉能力；家具造型设计又是一种理性活动，需要遵循一定的原则和按照一定的思路和程序来循序渐进，即在一定思想、理论、规则和方法基础之上的理性思维活动。

家具产品形态是以家具产品的外观形式出现的，但这一形式是由家具产品的材料、结构、色彩、功能、操作方式等造型要素组成的。设计师通过对这些要素的组合，将他们对社会、文化的认知，对家具产品功能的理解和对科学、艺术的把握与运用等反映出来，形式便被赋予了意义，蕴涵了它独有的内涵。因此，产品形态是集当代社会、科技、文化、艺术等信息为一体的载体。

家具产品形态创意是整个家具产品设计过程中最难的一个环节。收集了大量的市场调查资料后却不知道如何将它们转化成一个理想的产品形态。家具产品形态创意的难度在于要求设计师具有较为全面的知识结构和对这些知识高度的综合应用能力。家具形态创意的难度更在于要求设计师具有多元化的思维模式，以创造为核心，将逻辑思维与形象思维有机地融合在一起。

3.1 形态、家具形态概说

家具作为一种客观存在，具有物质的和社会的双重属性。家具的物质性主要表现在它是以一定的形状、大小、空间、排列、色彩、肌理和相互间的组配关系等可感知现象存在于物质世界之中，与人发生刺激与反应的相互作用。它是一种信息载体，具有传递

图 3-1 "图从地中来"

图 3-2 生活中常见的几何形

图 3-3 "艺术"的形

信息的能力：家具是用什么材料制成的，是给成人用还是给儿童用，是否"好看"、结实，与预定的室内气氛是否协调，等等。将这些信息进行处理，进而产生一种诱发力：是否该对这些家具采取购买行为。家具的社会性则主要指家具具有一定的表情，蕴涵一定的态势，可以产生某种情调与人发生暂时的神经联系。家具的物质性主要决定家具的价格，家具的社会性主要决定家具在消费者心目中的价值。前面产生的某些诱惑与后者对照，最终做出决策：是否该拥有这些家具。综上所述，消费者购买家具的过程是一个充分整理家具物质性和社会性信息的过程，也可以认为是认识、理解家具形态的过程。形态设计在家具设计的地位由此也可见一斑。

3.1.1 形、态、形态、家具形态

（1）"形"（shape）

"形"通常是指物体的外形或形状，它是一种客观存在。自然界中如山川河流、树木花草、飞禽走兽等都是一种"自在之形"。另一类给我们的认识带来巨大冲击的是"视觉之形"。

视觉之形包括三类：一是人们从包罗万象中分化出来的、进入人们注意的视野中并成为独立存在的视觉形象的"形"，即所谓的"图从地中来"（见图 3-1）。二是人们日常生活中普遍感知的一些形象，即生活中的常见之形，如几何形等（见图 3-2）。三是各种"艺术"的"形"，即能引起人们情境变化的、被人们称之为"有意味"的形（见图 3-3）。

（2）"态"（form）

"形"会对人产生触动，使人产生一些思维活动。也就是说，任何正常的人对"形"都不会无动于衷。这种由形而产生的人对"形"的后续"反应"就是"态"。一切物体的"态"，是指蕴涵在物体内的"状态"、"情态"和"意态"，是物体的物质属性和社会属性所显现出来的一种质的界定和势态表情。"状态"是一种质的界定，如气态、液态、固态、动态、静态；"情态"由"形"的视觉诱发心理的联想行为而产生，即"心动"，如神态、韵态、仪态、媚态、美态、丑态、怪态等。"意态"是由"形"的视觉诱发"形"的"意义"而产生，是由"形"向人传递一种心理体验和感受，是比"情态"更高层次的一种心理反映。

"态"又被称为"势"或"场"。世间万事万物都具有"势"和"场"。社会"形势"——社会发展的必然趋势，对处于这个社会中的人都有一种约束，所谓顺"势"者昌、逆"势"者亡；电学中有"电势"一说，电子的运动由"电势"决定，使电子的运动有了确定的规律。地球是一个大磁体，地球周围存在强大的"地磁场"，规定着地球表面所有具有磁性的物体必然的停留方向；庙宇和庙宇中的"菩萨"产生一种"场"，使信教的人在这个"场"中唯有虔诚。可见"场"是一种"氛围"。

（3）"形态"（form or appearance）

对于一切物体而言，由物体的形式要素所产生的给人的(或传达给别

人的)一种有关物体"态"的感觉和"印象",就称为"形态"。

任何物体的"形"与"态"都不是独立存在的。所谓"内心之动,形状于外"、"形者神之质,神者形之用"、"形具而神生",讲的就是这个道理。

"形"与"态"共生共灭。形离不开神的补充;神离不开形的阐释。即"神形兼备","无形神则失,无神形而晦"。

将物体的"形"与"态"综合起来考虑和研究的学科就称之为"形态学"(morphhology)。最初它是一门研究人体、动、植物形式和结构的科学,但对形式和结构的综合研究使它涉及到了艺术和科学两方面的内容,经过漫长的历史发展过程,现在它已演变为一门独立的集数学(几何)、生物、力学、材料、艺术造型为一体的交叉学科。形态学的研究对象是事物的形式和结构的构成规律。

设计中的"几何风格"、"结构主义"都是基于形态学的原理所形成的一些设计特征。

(4) 家具中的"形态"

家具设计中的"形"主要是指人们凭感官就可以感知的"可视之形"。构成家具"形"的因素主要有家具的立体构图、平面构图、家具材料、家具结构以及赋予家具的色彩等。

家具的"形态"是指家具的外形和由外形所产生的给人的一种印象。

家具也存在于一种"状态"之中。家具历史的延续和家具风格的变迁,反映了家具随社会变化而变化的"状态";家具的构成物质也存在着"质"的界定,软体、框架、板式等形式反映了家具的"物态";家具时而表现出稳如泰山、牢不可破的"静态",时而又展现出轻盈欲飞、婀娜多姿的"动态"(见图3-4)。

家具有亲切和生疏之情,有威严和朴素之神,有可爱和厌恶之感,有高贵和庸俗之仪;家具有美、丑之分,则是妇孺皆知的事情。这都是家具的"情态"。

家具是一种文化形式,社会、政治、艺术、人性等因素皆从家具形态中反映出来。简洁的形态体现出社会可持续发展的观念;标准化形态折射出工业社会的影子;各种艺术风格流派无一不在家具形态中传播;个性化的家具形态寄予了设计师无限的百感交集或柔情万种。这些都是家具的"意态"。

(5) 家具形态设计

形态设计没有固定不变的原则,需要针对物体本身的性质和特点进行设计。

图3-4 动感的家具形态

生活是家具形态设计的源泉之一。家具主要是作为一种生活用品(各种艺术家具除外),因此,"生活"成为家具形态设计的根本理念,对于家具的一切"造势作态"都不能违背生活本身和对生活的感受。

在人们的日常生活中,基于生活的体验和朴素的审美观念,总是倾向于可以诱发亲切、自然、平和、愉悦、活泼、轻快、激奋等情感的那些形态(见图3-5)。而对于比较费解的、与生活毫不相干的、比较怪异的形态,则并无多少知音。"曲高和寡",那些故作姿态、故弄玄虚者,就只能孤芳自赏了。

家具是一种产品,与"产品"有关的功能、技术、生产等要素形成了家具设计的又一基本理念。椅子是给人坐的,床是给人躺的,衣柜是用来

图3-5 具有亲和力的家具

图 3-6　现代科学技术在现代家具中的反映

存放衣物的，其一招一式都与人的行为密切相关，任何违背人的基本行为方式的设计都说不上是好的设计；技术是反映家具物质性的重要因素。尤其是现代家具，已基本摆脱了手工艺的特征，深深地烙上了工业产品的印记，技术的进步与发展，清晰地映在了家具产品的形态上（见图3-6）；生产的因素赋予同时也限制了家具的形态，一方面，各种高新技术生产设备的加工可能会给家具产品形态带来意想不到的惊奇，另一方面，作为产品设计的设计师也不是可以为所欲为的，由于生产因素的限制，不是设计出什么就能生产出什么。

家具是一种艺术形式。家具形态设计和绘画、雕塑等艺术形式中的形态构思有异曲同工之妙。任何具有个性的、民族特色的设计都不失为好的设计；艺术形态的构成手法在家具设计中同样发挥作用，生活中人们喜闻乐见的如建筑、其他工业产品、手工艺制品等形态可以成为家具形态设计的重要参考。

人是自然之子。亚尔布莱西特·丢勒曾经说过：艺术往往包含在自然之中，谁能从其中发掘它，谁就能得到它。何止艺术是如此呢？人的一切行为何尝能脱离和违背自然？家具形态设计的最高境界恐怕就在于此。

3.1.2 家具形态类型

形态设计的目的是创造出具有感染力的形态。对于形态的创造不是空穴来风，它需要对形态有大量广泛的了解。认识形态和认识其他事物一样，需要总结出一定的规律，并在此基础之上找出各种形态的特殊性。因此，分析形态的不同类型成为形态设计的前提。

不同的形态具有不同的意义。家具形态的构成有别于其他形态的构成，分析总结家具的各种形态将有助于对家具形态的创造。

（1）形态的分类

世间万物皆有形态。看得见摸得着、以实物形式可转移和运动的称为现实形态。山川、河流、动物、植物等都是现实形态，它们由大自然所塑造，是一种自然形态；建筑、家具、家用电器等也属于现实形态，它们都是人的劳动成果，是一种人造形态。除此之外，还存在一种只能言传意会、以某种概念（用语言来表达、用数学公式来限定其状态等）形式存在的形态，它们经常为人们所认识、描述、表达，这类形态称为抽象形态。几何形态通常作为文化的一部分为人们所传承，因此，几何形态几乎存在于各种不同的形态中；模仿自然是人的"天性"之一，人的一生与自然和谐相处，其结果是人类创造了各种有机的概念形态；创造性是人区别于其他动物的显著标志之一，人在创造（或创作）过程中，会产生一些纯属偶然的行为，有的是人即刻情绪的流露，有的是人对事物的不同理解，有的是特别的人在特别的时间和场合捕捉到的自然界中的不同现象而存在于人头脑中的记忆。这些都可称为概念形态（见图3-7）。

对形态的分类本身并无多大的意义，但有助于人们对形态的了解、总结和记忆。

特别要强调的是：在现实形态和抽象形态之间，并没有截然不同的界限，它们在一定的条件下可以相互转化。这就给从事设计的人所留下的巨大思维空间。也就是说，即使由人所设计出的形态最终演变成了人造形态，但世间各种形态都可以成为人们创作或设计的素材。

（2）家具形态与家具的设计形态

各种不同的事物有各自不同的形态特征。有的是由自然界的运动规律所决定的，它不以人的意志为转移；有的是由其本身的特性所决定的，如树有树形、花有花貌；有的是由其功能和用途所决定的，如工业产品等人造物品。

家具作为一种物质存在，有它不同于其他物品的形态。由于家具形态的存在，给予

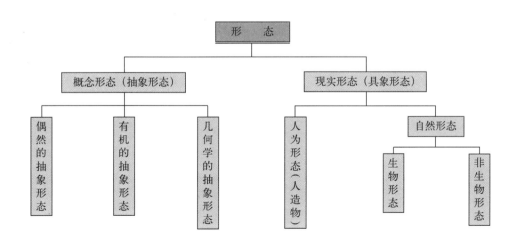

图3-7 形态的分类

了人们评价它的机会和余地,给予了人们对待它的态度甚至是感情。这是我们之所以研究家具形态的意义所在。

从这里可以看出,研究家具形态的目的有二:一是要归纳总结出什么是人们所能接受和喜爱的形态,人们为什么接受和喜欢它,进而对家具形态做出一些类似于规范的总结;二是研究一些特定的家具形态是在什么情况下出现的,人们是怎样创造出这些合适的家具形态来的,进而为人们做出一些方法上的引导。很明显,在这里更强调后者的作用。

人们可以从不同的角度(如审美、艺术创作、工艺技术等)来研究家具形态,从"设计"的角度出发来探讨家具的形态构成要素、形态构成的方法、形态构成的途径是研究家具设计的有效的方法之一。可以将其视为一种理性的思维模式,其逻辑性表现在:将"设计"的概念与"家具形态"的概念联系在一起,从"设计"的概念出发,了解什么是"设计","设计"工作的内容是什么,再与家具形态的构成要素进行比照,找到家具设计工作的"突破口"。

广义的"设计"概念是一个包括文化、思想等概念的极大的范畴,至今仍然是哲学家、思想理论家、设计家在共同探讨的话题。这里姑且不深入下去。

通常人们认可的狭义的"设计"概念却是非常明确的。意大利著名设计师法利(Gino Valle)说过:设计是一种创造性的活动。它的任务是强调工业生产对象的形状特征。这种特性不仅仅指外貌式样,它首先指结构和功能。从生产者和使用者的立场出发,使二者统一起来。产品设计的重点在这里已表露无遗:与产品本身有关的外貌式样、结构、与使用者有关的功能、与生产有关的技术(见图3-8)。

从图3-8中可以看出:从"设计"的角度出发,家具设计要考虑的因素就是家具的"设计形态"。实质上它们与从家具产品的角度出发所要考虑的"家具形态要素"是基本一致的。而前者的思维线索要清晰和有条理得多。

(3) 家具形态的种类

认识家具形态的种类没有固定不变的方法。从"家具是一种文化形式"的观点出发,它大致包括历史、艺术(包括设计)、技术等几个主要方面。具体将它们归纳如下:

家具的传统形态 是指家具文化作为一种传统文化形式、家具制品作为一种传统器具

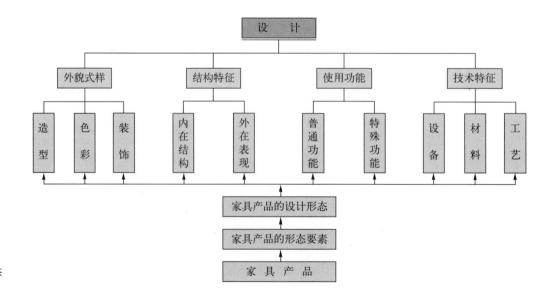

图3-8 家具的设计形态

所具有的积累与传承。无论是西方传统家具还是中国传统家具，都给我们留下了丰富的遗产，同时也给我们留下了无数为之叹为观止的形态。例如各种家具品种、形式、装饰及装饰图案等。

　　对于家具的传统形态，我们所取的态度完全等同于我们对传统的态度：继承与发展。从设计的角度来看，那就是承袭与创新，如图3-9所示。

　　家具的功能形态　　是指与家具的功能发生密切关系的形态要素。床是用来"躺"的（见图3-10），站着睡觉总是不行，椅子是用来坐的，必须在离地的一定高度上有一个支撑人体臀部的面，这些都是由家具的功能所决定的。

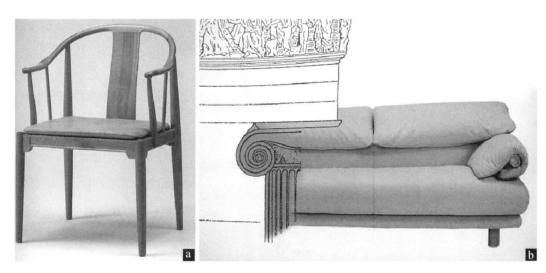

图3-9 a　吸收中国传统圈椅的形状要素

图3-9 b　吸收传统建筑的装饰要素

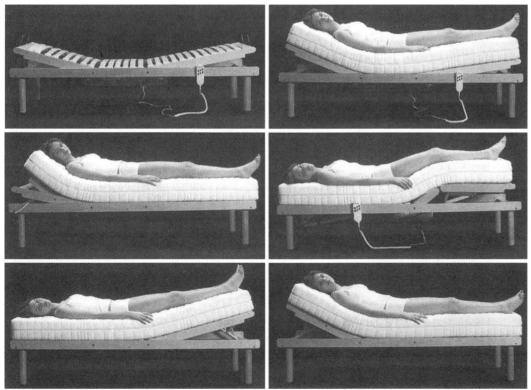

图3-10　床的造型要适合人"躺"的行为

图3-11 结合悬索桥造型的椅子

家具功能形态设计的关键是设计者如何在新的社会条件和技术条件下发现或拓展家具新的使用功能。家具发展的历史在某种程度上说也是一部人类行为不断发展和完善的历史。

家具的造型形态 是指作为一种物质实体而具有的空间形态特性。它包括形状、形体和态势。人类长期的设计实践，已经总结出了大量有关形态构成的基本规律和形式美的法则，这些成为进行家具造型设计的有用的参考，如图3-11所示。

家具的色彩形态 是指家具具有的特殊的色彩构成和相关的色彩效应。从色彩学的角度出发，任何形态都可以看成是色彩的组合和搭配（见图3-12）。色彩在家具中的作用已经受到了人们极大的关注。

家具的装饰形态 是指家具由于装饰要素所赋予的家具的形态特征。一方面，家具的格调在很大程度上是由装饰的因素所决定的（见图3-13）；另一方面，家具的装饰题材、形式有某些共同的规律。

家具的结构形态 是指由于家具的结构形式不同而具有的家具形态类型。从产品的角度来看，家具整体、部件都是由零件相互结合而构成的，由于接合方式的不同，赋予了家具的不同形态。

家具的结构形态又表现在两个方面：一是由于内部结构不同而被决定了的家具外观形态；二是家具的结构形式直接反映在家具的外观上，如图3-14所示。

家具的材料形态 是指由于家具材料的不同而使家具所具有的形态特征。材料不同，会产生出不同的外观形状；材料的色彩、质感不同，明显会带来家具形态特征的变化，见图3-15所示。

家具的工艺形态 是指由家具制造工艺所决定的家具形态特征。手工加工与机械加工所赋予家具的外观效果明显不同（见图3-16）。由于加工方式的不同而产生对家具不同的审美反映，由此所带来的家具风格变化的例子比比皆是。在现代社会中尤其是西方发达国家，由于家具加工方式的不同，其产品的价值也因此相差很大。

图3-12 家具的色彩构成

图3-13 家具的装饰要素决定了家具的格调

图3-14 a 由于内部结构决定外观形态

图3-14 b 家具结构形式的外在反映

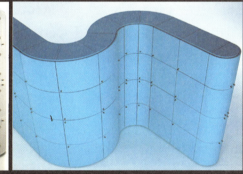 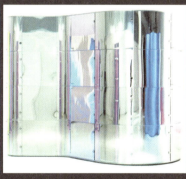

图3-15 不同材料的色彩、质感对家具形态的影响

图3-16 a 手工制作的家具形态

图3-16 b 机械加工的家具形态

3.2 自然形态、人造形态、家具形态

自然界中存在的各种形态如行云流水、山石河川、树木花草、飞禽走兽等都属于自然形态。"江山如有待,花柳更无私"。每个人都生活在大自然的怀抱里,谁都承认,千姿百态、五彩缤纷的自然界是一个无比美丽的世界。自然界的美是令人陶醉的也是最容易被人们所接受的,同时它又是神秘的。大自然中出现的各种形态是人类探索自然的出发点。一切事物、现象最初都是以"形态"出现在人们的意识和视野中,随着这种意识的逐渐强烈、现象趋于明显、形态更加清晰,人类才对它们产生各种兴趣,有的是记录和描绘它,有的是试图解释它。所有这些"记录"和"解释"的过程,就是人们通常所说的"研究"的过程。人类一切活动都可归结为一种——探索大自然的奥妙。

所谓人造形态是指人造物的各种形态类型。反观人类文明史上所出现的各种人造形态,不难发现:人类对于形式的一切创造,都或多或少地可以从自然界中找到"渊源",这就意味着人类不能凭空捏造出"形态"。也就是说,仪态万千的自然界是各种人造形态的源泉。

家具作为一种人造形态,自然形态在其中的反映几乎无处不在。从古希腊、古罗马风格到巴洛克、洛可可风格,从中国明式家具到西方后现代、新现代风格的家具,都可找到自然形态在家具设计中运用的生动和成功的例子。因此,研究自然形态向人造形态的转化是研究家具形态设计的一个重要维度。

3.2.1 自然形态的情感内涵和功能启示

人类对大自然充满了热爱之情,因为它不仅是人类生存的依托,也是构成人们生活的天地。人们咏唱日月星辰、赞赏田园山水,这不仅体现了大自然的和谐与秩序,而且在与人的生活联系中被人格化了,赋予了它人的意义。"知者乐水,仁者乐山。知者动,仁者静。"讲的就是这个道理。自然形态的这种情感内涵成为人们利用它的感情基础。

人对自然的情感充分体现了人与自然的关系。人对自然的态度大体经历了畏惧进而崇拜、初步认识进而欣赏、更多认识进而试图征服、征服无果后的无奈、深刻认识后的转而寻求和谐共处等这样几个阶段。人类对于自然的态度淋漓尽致地反映在了各类设计中。

人是从自然界进化而来的,是自然界的一个组成部分,同时,人又要依赖自然界而生存,因为人与自然之间的物质交换是人生存的前提。这是人们利用自然形态的物质基础。

人类长期的实践证明:人与自然最合理的关系是和谐共处。事实上,人们生活的世界,是一个"人化"了的自然界,是经过人的加工和改造的结果。自然界的"人化",在很大程度上是由自然形态功能的不足而引起的。

对于自然形态的功能机制,人们经历了一个历史的认识过程。开始是个别的生物机制给人以启迪,人们从外部特性上加以模仿。随着科技的发展,尤其是生物科学的进展,生物世界的奥秘不断被揭示出来,仿生学等一批与自然界、生物界有关的学科逐步建立起来。通过对自然界和生物界的认识,人们发现:各种自然形态都蕴藏着各种不同的功能,而这些功能与各种人造物品在被制造时所追求的功能几乎完全一致。

正是由于上述人对自然形态的情感和对自然形态功能的发掘与模仿，才形成了自然形态与人造形态之间相互转化的契机。因此，自然形态向人造形态的转化是以一种人们认识自然、改造生活的必然行为。

3.2.2 自然形态与人造形态的构成基础及其区别

前面已经说过，所谓人造形态是指人工制作物这一形态类型，它是用自然的或人工的物质材料经过人的有目的的加工而制成的。无论是自然形态的东西还是人造形态的东西，都有自身的物质特性，并且服从于一定的自然规律。因此，物质性是这两种形态取得统一的基础，它们都是占有一定时间和空间而存在的物质实体。

图 3-17 a 山水与建筑对应　　图 3-17 b 树叉与衣架对应

人造形态与自然形态在物质性上的区别表现在以下三方面：

其一，人造形态的东西是人们有目的的劳动成果，直接用于人的某种需要，因而它的存在符合人的目的性的特点；而自然形态的东西则遵从于"物竞天择、适者生存"的特点，如图 3-17 所示。

其二，作为人的劳动成果，人造形态必然打上劳动主体——人的烙印，即它是一种"人化的自然"。人是由自然形态向人造形态转化过程的中心：人作为活动主体所具有的需要、目的、意向和心理特征等因素都将发挥得淋漓尽致。

其三，由于人的生产活动都是在一定的社会关系中进行的，因此人造形态都具有一定的社会性的特征，成为特定的社会文化的产物。甚至人对自然形态的态度也会因社会的变化而改变。例如，在过去，老鼠被认为是粮食的天敌，没有人对老鼠怀有爱怜之情，而进入"小康社会"的当代，人们对老鼠的态度已悄悄发生了变化，因此，各种鼠的形态成为人们心目中的一种可爱的形象。

3.2.3 自然形态向人造形态的演绎方式

将自然形态的要素运用到设计形态中，有三种最基本的方法：一是直接运用即直接模仿，即将自然形态直接用于人造形态的设计中；二是间接模仿或抽象模仿，在形态学中称为"模拟"，即对自然形态进行加工整理，将自然形态中各种具象的形态抽象化，或者取其中的某个部分、细节加以运用，或者将其转化为更加适应的形态；三是对自然形态的提炼与加工，"仿生"是最基本和最常见的手法。

（1）模仿

简单模仿和抽象模仿可一并归纳为"模仿"。"模仿"是造型设计的基本方法之一，是指对自然界中的各种形态、现象进行模仿。利用模仿的手法具有再现自然的意义。

自然界中形态的存在是各有其"理由"的。巍峨的山形是地壳运动形成的结果，给人鬼斧神工的感觉，沙丘舒缓的曲线是沙子在风力的作用下缓慢移动而形成的，许多动物的形状和颜色是为了自身在自然界中的生存而逐渐演变而成。这些形态往往给人以特别的感觉，更多的是美的享受。因此，人们对大自然的各种形态充满了欣赏而影响深刻。这些形态都可以直接用于设计中（见图3-18）。

图3-18 家具设计对自然形态的"模仿"

古代家具形态中，对大自然的模仿是最重要也是最常见的手段。这一现象一直持续至今。

模仿自然形态的方式有下列三种：一是以自然形态为基本题材，为了适应某种使用功能和人体的尺度而进行简化和提炼；二是将自然形态作为人造形态的局部装饰，如家具的各种脚型就是源于此；三是将自然形态作为一种图案直接用于家具的装饰上（见图3-19）。

模拟是较为直接地模仿自然形态或通过具象的事物来寄寓、暗示、折射某种思想感情。这种情感的形成需要通过联想这一心理过程来获得由一种事物到另一种事物的思维的推移与呼应。

在家具造型设计中，模拟的形式与内容主要有如下几个方面：一是整体造型上进行模仿，家具的外形塑造如同一件雕塑作品。这种塑造可能是具象的，也可能是抽象的，也可能介于两者之间。模仿的对象可以是人体或人体的一部分，也可能是动、植物形象或者别的什么自然物。模仿人体的家具称为"人体家具"（见图3-20），早在公元1世纪的古罗马家具中就有体现，在文艺复兴时期得到充分表现：人体像柱特别是女像柱得到广泛运用。在整体上模仿人体的家具一般是抽象艺术与现代工业材料与技术相结合的产

图3-19 a 简化与提炼
图3-19 b 作为局部装饰
图3-19 c 直接运用

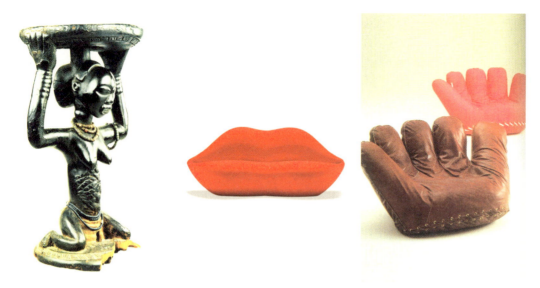

图 3-20 人体家具

物,它所表现的一般是抽象的人体美。大部分的人体家具或人体器官的家具,都是高度地概括了人体美的特征,并较好地结合了使用功能而创造出来的。

(2) 仿生

仿生是造型的基本原则之一。从自然形态中受到启发,在原理上进行研究,然后在理解的基础上进行模仿,将其合理的原理应用到人造形态的创造上。例如壳体结构是生物存在的一种典型的合理结构,它具有抵抗外力的非凡能力,设计师应用这一原理以塑料材料为元素塑造了一系列的壳体家具形态(见图3-21)。充气家具是设计师采纳了某些生命体中的具有充气功能的形态而设计的;板式家具中"蜂窝板"部件的结构是根据"蜂房"奇异的六面体结构而设计的,不仅质量小,而且强度高、造型规整,堪称家具板式部件结构的一次革命。"海星"脚是众多办公椅的典型特征(见图3-22),它源出于海洋生物"海星",这种结构的座椅,不但旋转和任意方向移动自如,而且特别稳定,人体重心转向任意一个方向都不会引起倾覆。

人体工程学是人们仿生的重要成果之一。人的脊椎骨结构和形状一直以来是家具设计师重点研究的对象,其目的是根据人体工程学的原理设计出合适的座具和卧具;家具

图 3-21 "壳"体家具

图 3-22 "海星"脚

的尺度不再是由设计师自由发挥的空间,而是要考虑到在发生使用行为时人体与家具尺度是否协调。类似这样的例子举不胜举。

3.2.4 自然形态向家具形态转化的设计要素

自然形态向人造形态转化的过程中总是要借助一定的载体,即通过一些具体的造型要素来进行表达。对于家具产品设计而言,自然形态向人造形态转化可以从如下几个方面着手。

材料 作为产品构成的物质要素,材料是设计的基础。家具产品的生产过程就是把材料要素转化为产品要素的过程。材料本身也有自然形态和人造形态之分。自然材料是指未经人为加工而直接使用的材料(如木材、竹材、藤材、天然石材等),这些材料朴素的质感更有利于使人感受自然形态的美感。人工合成材料是由天然材料加工提炼或复合而成的,它吸收和凝聚了天然材料优良的品格特性,因而更加适合设计,见图3-23所示。

图3-23 原生态木材作为家具材料

当代家具产品设计在材料的运用上有三种不同的倾向:一是返璞归真;二是逼真自然;三是舍其质感,突出形式。

结构 产品中各种材料的相互联结和作用方式称为结构。产品结构一般具有层次性、有序性和稳定性的特点,这与自然形态的结构特征是一脉相传的。家具结构设计表现在结构形态上可以取自然形态的格局与气势,但由于家具是一种人造产品,对于自然形态的结构运用受到许多限制,因此,在家具结构设计时,采用的方法是在科学知识的基础上塑造或构建合理的结构。

形式 这里所说的形式是指产品的外在表现。如形体、色彩、质地等要素。

功能 产品的功能是指产品通过与环境的相互作用而对人发挥的效用。人们在长期地对自然形态的认识过程中已经充分发现了各种自然形态的作用,有些可直接运用,有些稍加改造,即可符合人们更加苛刻的需求。

3.3　家具概念设计形态与现实设计形态

不论何种设计行为,有两个基本因素是不能回避的:设计的动机(出发点)和设计的结果(以何种形式来丰富社会文明)。只是由于设计的形式不同,表达的方式才有所区别。

例如：平面艺术设计等形式强调的是视觉冲击力，进而影响人的思想；建筑设计除了上述目的之外，还要提供人类生活的物质环境。因此，由于设计形式的不同，设计的内容必然各不相同。工业设计（家具设计属于工业设计范畴的观点已早有定论）兼有艺术设计和技术设计基本内涵，因而设计的感性和理性是其不可缺少的两面性特征，由此出现了两种基本的设计表现形式：概念设计和现实设计（又有人称其为实践性设计）。概念设计是指那些意在表达设计师思想的设计，无明确的设计对象，通常以设计语义符号出现，其技术内涵可以含糊甚至可以省略，旨在提出一些观点供人们做出判断；现实设计有明确的设计对象和明确的物化目的，重在探讨物化过程的合理性和现实可行性（即技术性）。在以往有关设计理论的探讨中，大多数人都将其作为两种不同的指导思想（即所追求的不同的设计结果）来加以论述其不同的特征和作用，虽然也有些道理，但难免有些偏颇，在产品设计领域中这种偏颇性表现得更加明显。

每个真正做过产品设计的人都会知道，产品设计大体会经历四个过程，如图3-24所示。

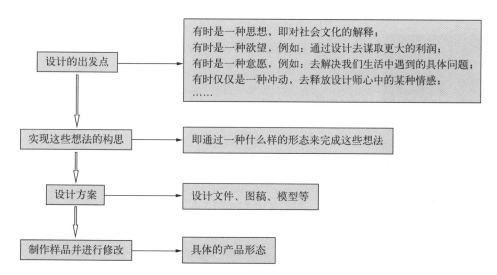

图3-24　产品设计的过程

由此不难看出：一个完整的产品设计过程，实质上包含了产品概念设计和产品现实设计两方面的基本内容。因此，尽管概念设计和现实设计作为两种不同的设计理念、方式与形式，无论是在设计理念内涵上，还是设计的具体实施上均有着自身独特的一面，并在不同的时间和不同的背景下提出，但这两种设计表现形式在工业设计类型中常常是联系在一起的，并在一定条件下互相转化。

3.3.1　概念设计与概念设计形态

（1）概念设计以传达和表现设计师的设计思想为主

生活在纷繁社会里的人对世界有自己的看法，于是用各种方式来发表自己的见解。设计师的社会责任感和职业感驱使他们用设计的方式来表现自己的思想。历史上闻名的《包豪斯宣言》是包豪斯学校和密斯·凡德罗校长对社会、对设计的见解，在这种思想的带动下，出现了现代设计风格。可以认为它是所有现代设计的概念。

概念设计常常无明确的设计对象。所有具体的设计对象此刻在设计师的心目中已变得模糊，剩下的只有思想、意念、欲望、冲动等感性的和抽象的思维。因此，有人认为"设计是表达一种精粹信念的活动"。

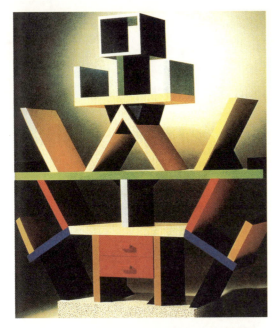

但不能由此就认为概念设计是人的一种"玄妙"和随意的行为。社会，更直接地说，消费者是设计产生、存在的土壤，设计师的分析、判断能力以及他们所具有的创造性的视野、灵感与思想才是设计的种子。虽然概念设计是以体现思想、理念、观念为前提的设计活动，但是它更是针对一定的物质技术条件尤其是人自身心理提出的一种设计方式与理念。

概念设计所要建立的是一种针对社会和社会大众的全新的生活习惯、生存方式（其结果往往也是这样），是对传统的、固有的某种习以为常却不尽合理的方式与方法的重新解释与探讨，关心的是社会、社会的人而不是具体的物。因此，概念设计可以被认为是人本主义在设计领域的一种诠释。

如图3-25所示，思想成为概念设计的主体。

（2）概念设计以设计语义符号来表现概念设计形态

人们通常要借助"载体"来表达思想，诗人要么用富于哲理的、要么用充满激情的辞藻来抒发内心的情感，设计师选择的是他们所擅长的设计语言，因为只有这些"语义符号"才更能将那些"只能意会、不可言传"的思想表达得淋漓尽致。这种"物化"的"语言"（具有广义的语言的含义）与画家的绘画语言有异曲同工之妙：虽然不为人们所常见、熟知，但却极有可能使人们精神为之一振。

如图3-26所示是一个表现概念设计的案例。

（3）概念设计重视感性和强调设计的个性

图3-25　思想是概念设计的主体（上图）

图3-26　概念设计案例（下图）

理解了概念设计的动机和表现形式之后，稍有哲学知识基础的人就应该能理解概念设计的基本表现特征：重视感性和强调设计的个性。

概念设计挖掘设计师心中内在的潜意识，深层次地从人自身的角度出发面对事物、理解事物、解读生活、解读人。因而它是感性的。

概念设计针对的问题与理念的提出往往不具确定性的，常带有某种研究、假定、推敲、探讨性质的态度，加之设计师在开拓、历练自己设计思维的过程中，由于在设计师个体上、综合素质与文化背景上的不同，体现在设计上的差异也就是自然而然的事了。其结果必然是我们眼前的姿态万千、造型迥异。

在概念设计中强调感性个性，绝不会陷入"唯心主义"和"个人主义"的泥潭，在当今的社会中更是如此。在信息化的社会里，忧患意识与生存危机、重视自身生存的意义、自我的空间、自我思想的体现等等，这一切都在呼唤、强调个体的存在价值。尤其在物质极大丰富的今天，人们在赞叹选择空间广阔的同时，更热切地期盼体现自身与自我生存的个性化产品的出现。

3.3.2　现实设计与现实设计形态

（1）现实设计是一种实践性活动

人的任何行为必定受到思想的约束，设计也不能例外。现实设计是一种切实的设计活动，活动的全过程无时不在贯彻既定的设计思想，反映在具体行为上，就是设计的每一过程、每一个细节都围绕着设计思想展开。

如图3-27所示是一件具有简约风格的家具设计,除了整体外型的简洁之外,设计师在其细部处理、材料的选用上无一不渗透着精炼的智慧。

现实设计往往有一种非常明确的目的(可能是一个指标、一个参数、一个预想的计划或工程、一件人们心目中形象已非常清晰的产品等)。围绕这个目的所展开的一系列工作自然是具体的和直接的。例如:对于一种材料,它的资源潜力、发展前景可以预见,它的经济成本、价格信息可以调查获取,它的物理力学性能可以通过检测验证。因此,当设计师考虑材料的使用时,便可以在预想的各种材料搭配方案中进行挑选。

图3-28所示是一个组合柜的现实设计方案。

现实产品设计的前提是基于对现有产品的认识、使用习惯及大众群体针对产品的期望值,这些因素使得设计从开始之初所面对的就是产品本身的特性与大众认知之间的冲突。但设计师有自己的思想,于是设计的过程便成为在自己初始的思想基础之上的调整、重组、整合和优化。这成为现实设计实践活动的基本特征。

(2) 理性的张扬与感性的压抑

由于现实设计建立在具体的技术因素(材料、结构、设备、加工等)和既定的人为因素的基础之上,这些诸如市场、价格、企业原有产品的造型风格、必须满足的功能特点、繁杂的生产技术等时时在设计师的头脑中闪现,同时也会成为熄灭他们灵感火花的隔氧层,束缚着他们的行为,其感性可能会受到不同程度的压抑。这是一个不可回避的

图3-27 简约设计思想从整体贯彻到局部

图3-28 现实设计是具体可行的方案

事实。但只要能理解"社会的人必然受到社会的约束"这个基本道理,所有的抱怨便随之烟消云散,于是去探讨如何在理性的张扬中去释放我们的潜能。

将设计师所面对的一些凌乱的因素、烦琐的技术、复杂的过程等要素加以科学、理性的整理,并最大程度地保留设计师不愿舍弃的感性的自豪与精彩,就成为了设计师必须具备的才能之一。不然的话,世界上也就无所谓有优秀的设计大师和蹩脚的设计小辈之分了。

图3-29所示是一组椅子的设计。如此简单的一个功能造型,却被演绎得可谓眼花缭乱。

(3) 现实设计的结果是具体的物化的现实设计形态

与概念设计的结果不同,现实设计的结果是具体的物化的现实设计形态。汽车产品的现实设计有汽车设计的现实语言,它们是速度、加速性能、制动性能、油耗、风阻、轴距、容量、承载量等,家具产品的现实设计有家具设计的现实语言,它们是空间尺度、人体工程学原理、结构、材料、配件、表面装饰等,如图3-30所示。虽然不同的现实产品设计有着与设计相关的共同因素,但产品类别的不同决定了设计的最终结果是不同的

图3-29 理性基础之上的感性发挥

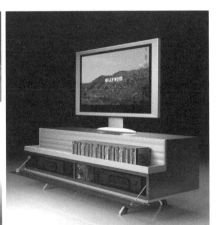
图3-30 汽车和家具

产品功能形态。像衣柜一样的汽车和汽车一样的衣柜无论如何是说不过去的。

3.3.3 家具概念设计形态与现实设计形态间的转化和促进

任何一个产品的设计总不能永远停留在概念设计的状态,否则便缺少了设计本身应具有的意义;概念设计与现实设计作为产品设计过程中的两个不同阶段,或者作为表现一种产品的两种不同形式,它们之间是一种逻辑上的平等关系,因而它们之间只有相互转化和相互促进,而无上升和进化。

(1) 概念设计向现实设计转化的条件

技术是联系概念设计与现实设计之间的纽带。在概念设计向现实设计过渡和转化的过程中,技术起了关键性的作用。如图3-31所示的概念设计充分体现了延伸和组合的设计理念,设计的基本构件是八分之一球体,通过先进的连接方式使基本构件变换延伸出各种功能和外观形态的产品。这与其说是人们对超强组合构件的向往,不如说是对信息技术、材料与成型技术等未来技术的憧憬。概念设计为技术发展在"茫茫大海之中树

图3-31 体现延伸和组合的概念设计

立了一座灯塔"。现实设计所依赖的先进技术又不断地启发了人们对未来设计的更高愿望,"设计是客观现实向未来可能富有想象力的跨越",于是促成了新一轮概念设计的产生。

思想是贯穿概念产品与现实产品的主线。如果要在概念设计和现实设计之间找到某种血缘关系的话,"思想"便是基本的遗传因子。概念设计与现实设计之间的"神似"由此而生。

市场是推动概念产品向现实产品转化的动力。概念设计向现实设计的转化可以发生也可能不发生,一种只有少数人甚至除设计者本人以外没有人接受的观点在中途夭折是天经地义的事情;可以早发生也可以晚发生,在茫茫的历史长河中一种产品投放社会的快慢似乎也无关紧要。其间起关键作用的是社会的需要,说得更直接一些,是今天市场经济社会起主要作用的"市场"。

概念产品向现实产品转化的表现形式是产品设计的商业化、日用化、功能化。概念设计无论在造型形态还是在表现力上与现实设计都存在着区别。导致这种区别最根本的原因在于现实设计为了适应社会的需要,将一种概念转化成为了一种具体的功能,将一种纯感觉印象转化成为了一种商业动机,将一种看似高贵的情感转化成为了百姓触手可及的日用元素。如图3-32所示,一个抽象的概念设计,消费者无论如何也"消受"不起,只有与现实生活"接轨"的设计才是消费者心目中的所需。

(2) 现实设计为新的概念设计提供各种可信的依据

与人类探索自然是一个无限的过程一样,设计也是永无止境的。一种概念设计在一定的社会条件下产生,在更新的社会条件下得以成为现实,并不等于就此了结,在此更

图3-32 接近消费者的生活在现实设计中是十分重要的

新的社会条件下人们会产生更新的思想、愿望、意念和冲动，从而导致了新一轮的概念设计。在工业设计（产品设计）领域里，两者就是这样周而复始、循环往复、螺旋式上升，不断将设计推向一个又一个新的高潮。

总之，感性和理性的融合是一个设计师应具备的知识结构。概念设计、现实设计作为设计的两种不同的表现方式，在设计中的地位和作用无所谓孰轻孰重，更不可以将其截然分开，它们作为设计浪潮中两股汹涌的脉流，在社会赋予的广阔的河床上时而分道扬镳，时而交汇合流，不断为设计师创造更加美妙的空间，也不断为社会物质文明和精神文明带来灿烂的辉煌。

3.4 家具的功能形态

不可否认，随着社会的发展、科技的进步及物质的极大丰富，传统的价值判别标准的内涵发生了变化，产品的功能不再仅仅是指产品的使用功能，它还包括了审美功能、文化功能等内容。也不必讳言，"功能决定形式"的口号在当今已受到了严峻的挑战。但由于产品设计关于功能的实质内涵的延伸和发展，使人们在评价当代产品的价值时仍是以功能内涵是否获得最大程度的发挥为标准。家具设计也是如此。人们在欣赏或购买一件家具时，造型特征、视觉感受、文化氛围无疑是主要因素，但人们决不会对它的功能是否合理熟视无睹，一些让人们"站无站相、坐无坐姿"甚至是"寝食不安"的家具，人们决计会再三斟酌和反复犹豫。由此可见，产品功能是构成产品形态的重要因素，离开产品的功能去谈产品的美感是毫无意义的。

家具作为一种产品，必定具备两个基本特征：一是标志产品属性的功能，二是作为产品存在的形态。

有关功能和形态孰轻孰重，在不同历史时期和不同的设计思想条件下有各种不同的观点。在我国，早在北宋时期就有了相应的表述。范仲淹赞美水车说，"器以象制，水以轮济"，即说这个器（提水功能）是依附一个象（水车的形式）来实现的，器与象在"制"的过程中完美结合，这只是早期较为朴素的观点。现代斯堪的纳维亚的柔性设计则更好的诠释了功能与形态的关系，它坚持功能主义的合理内核：理性、有效、实用，同时也强调图案的装饰性及传统与自然形态的重要性。从19世纪的现代主义开始，直至当今开始风行的新现代主义，尽管其中演绎了各种不同的设计风格，但都以功能主义思想作为主线而延承下来。后现代主义在某种程度上偏离了以功能为主的思想，这也是它之所以未成为一种流行风格的主要原因。

研究家具产品的功能要素，其落脚点在于两个方面：一是如何适应与家具相关的"人"，满足人的各种心理、生理和行为要求；二是如何适应与家具相关的"物"，让家具发挥它应尽的作用。

3.4.1 以"人"为主体的家具功能形态

在谈到"家具如何适应人"的问题时，"以人为本"是最直截了当的答案。但"以人为本"的含义远不止如此。自现代设计以来，"以人为本"一直是各种设计的基本指导思想之一。它强调以人为中心，从人的需要出发，充分考虑人的生理和心理，设计出为人所用的产品。从"以人为本"的基本理念出发，根据人的需要在不断变化和进

图 3-33 a　人体家具
图 3-33 b　准人体家具
图 3-33 c　非人体家具

化的结果，同时也演绎出了各种不同的设计思想；根据人的需要的差异和通过不同的途径来满足人的需要，产生了各种不同的设计过程和设计方法。因此可以说，"以人为本"的设计思想永远也不会过时。

在中国，"以人为本"是被普遍提及但又被"滥用"的词汇之一。出现这种状况的主要原因有二：一是未真正理解人的需要是指人类的需要、大多数人的需要还是人的个性化需要的问题；二是不能充分考虑人的需求的多样性，将人的所有需求加以协调的问题。因而几乎所有的设计都可以冠以"以人为本"设计的"美誉"。我们认为：不同的设计对象和不同的设计任务所考虑到的人的需求的范围不同。对于一般设计而言，人的个性化需求应建立在社会化的人需求的基础之上。当人的需求与社会需求发生冲突的时候，社会的需求是决定设计的根本因素。个性化的设计应体现在与其他设计相比基础上的与众不同的个性，而不是单纯的和片面的针对个别使用者的个性。

家具设计中"以人为本"的设计主要反映在功能设计、使用过程中的便利和对家具审美体验这几个方面。如何适应与家具相关的"人"，则主要反映在如何适应人的姿态、人体尺寸、人的行为和人的感觉等具体问题上。

（1）适应人体姿势的家具形态

在详细介绍人体姿势与用品的关系之前，有必要引入一系列基本概念：人体家具、准人体家具和非人体家具。人体家具是指在使用过程中与人体密切相关、直接影响人的健康与舒适性的家具类型，如座椅、床、写字台等；准人体家具是指在使用过程中使用频率较高但与人体接触时间较短的一类家具，如柜类家具；非人体家具则是指与人体关系不大且使用频率较低的一类家具，如储存季节性用品的储存柜等，如图 3-33 所示。每类家具与人体的关系程度不一，因而在设计时应区别对待。人体工程学研究表明：人处于不同的姿态时身体的舒适感各不相同。不同的家具形态会使人在使用家具时处于不同的姿态，因此，如何使家具的形态适合人体最舒适姿态是家具形态设计的关键，也是家具产品达到最完美功能的必要条件。在欧美国家，对家具的评判标准一直把舒适性和健康放在造型美观和视觉审美之前。

使用家具时，坐姿是最主要的姿态。按坐姿的不同，把座椅分为工作用椅和休闲用椅两种，有些设计更是试图在一个座椅产品上同时实现工作和休闲两种姿态。

座具设计中考虑人体姿态通常的做法是采用实验性坐具器械与人体模特相结合，按照人的真实感受来修改设计。芬兰设计大师库卡波罗、日本著名设计师奥村昭雄等都是

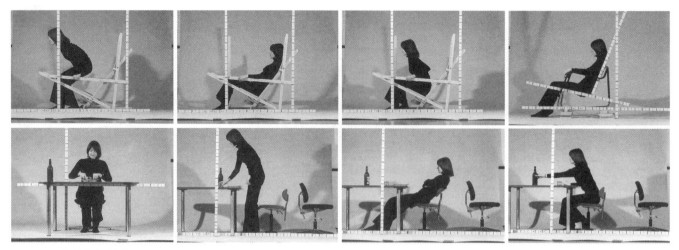

图 3-34　座具实验设备

图3-35　适应半躺半坐姿态的座椅设计

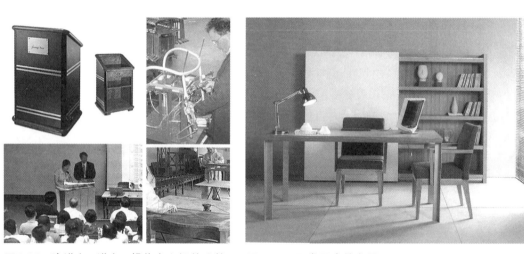

图 3-36　演讲台、讲台、操作台之间的比较　　图 3-37　正常尺度的家具

采用这种方法（见图 3-34）。

人呈坐姿工作时也会处于不同的状态，电脑操作和伏案写作时各有不同，正襟危坐与随意交谈时也各有区别。

普通人的睡姿是卧姿，因此床面一般设计为平面状，具体的平面形态可以是常见的长方形，也可以是圆形或者其他不规则的形状；考虑到一些特殊的人群和行动不方便的病人、老年人，可以将床面分解成一部分可倾斜活动，以适应人的半躺半坐姿态（见图 3-35）。

处于立姿工作状态的情形也十分复杂，总统发表演讲的演讲台、车间里工人的操作台、学校教师的讲台等，这些台类家具的设计必然会大相径庭。演讲台以庄重和威严为重，操作台以减轻劳动强度为妙，讲台以轻松而"不失体统"为佳，如图 3-36 所示。

（2）适应人体尺寸的家具尺度

姿态与尺度是人与物关系的最直接反映，仅研究人体姿态是远远不够的。姿态是一种共性反映，而人体尺度则涉及到具体的人。这是人体工程学研究的难点。

对人体尺度的研究与分析人的动作姿态一样，不可能对单个具体的人进行研究，而只是探讨适合普通人群基本适应的大致范围。目前国际较为认可的研究方法是确定占实验人群总数95%的范围为"适合范围"，即让95%的人感到适合的尺度范围为产品设计尺度规则的合适尺度范围。

各种家具尺度的组合形成家具的尺度体系，有正常尺度、亲切尺度和宏伟尺度之分。正常尺度是指按照人体的正常尺度而设计的家具尺度（见图3-37）；亲切尺度是指

图3-38　亲切尺度的家具　　　　图3-39　宏伟尺度的家具

受室内尺度等环境因素和人的情感因素影响，有意将家具的通常尺度缩小以增加家具的亲切感（见图3-38）；宏伟尺度是指在考虑正常人正常使用尺度的前提下，出于对社会地位、财富、自尊、自我价值等因素的考虑，有意将家具的尺度超出正常尺度而与众不同（见图3-39），皇帝的"宝座"、社会上俗称的"老板桌"等均属于此类。

各种类型的家具都会涉及到尺度问题，最基本的原则是让家具尺度适合人的尺度。座具有座高、座深之尺度，为让其适合大多数人，往往以标准形式加以规定。床具有床宽、床长、床高之尺度，床高以适合坐的动作为主，床长则应保证不能"悬臂"而卧，床宽则保证不因正常的翻身而落于床下。台、桌类家具的尺度视其功能而定，能适合使用者和容纳使用时必需的用品是基本要求。

由人的活动尺度范围还可以决定家具的基本形状。近年来办公家具市场中经常出现的"异形"办公桌面，就是考虑人手的活动范围而设计出来的（见图3-40）。

图3-40　与人手活动范围相适应的办公家具桌面形状

考虑到人体的尺度因人而异，家具设计中常采用"可调节"尺度的方法来解决。

特别需要指出的是：中国设计界对人体工程学的研究还未引起足够的重视。例如：当今家具设计所引用的有关人体尺寸的数据还是20年以前其他领域的研究成果。众所周知，中国人的人体特征已发生了很大变化，尤其是近些年人们生活水平得到较大改善以后，尽管设计师在实际应用时已针对出现的这些变化做了适当的修改和调整，但适时的具有权威性的数据和标准无疑是必需的。

图 3-41　日本的"塌塌咪"

图 3-42　各种姿势的座具设计

图 3-43　组合系列家具设计

(3) 适应人行为习惯的家具形态"构图"

家具形态除了与人体姿态和人体尺寸有直接关联外，与人的行为习惯也有密切的关系。

人类在生活习性上有许多方面是共同的，如床是用来躺着睡眠的，椅子是用来屈膝而坐的，这些都决定了家具的基本形态。

在人类生活习惯共性的基础上，具体的生活行为方式却丰富多彩。以座具为例，"正襟危坐"是大多数中国人习惯的生活方式，中国式的椅子在基本形态上一直沿用了传统座具的形态；日本人惯常使用的"塌塌咪"同样是来用坐的，它的形态与中国式的椅子有根本的区别（见图3-41）；软体沙发也是一种座具，由于制作材料与"椅"、"凳"的区别，使得沙发的造型与传统的椅凳有较大的不同；西方人浪漫的生活方式带来了西方座具设计的千姿百态（见图3-42）。

上面所描述的都是家具以单体形式出现时，因为人的行为习惯不同所带来的形态上的差异。家具常常以组合的形态出现。组合衣柜、组合沙发、组合写字台、组合式办公桌和会议桌等。组合式家具形态变化，如同家具单体一样仅在单体数量上作数学上的"排列组合"。这不仅可以适合不同的场合，更重要的是可以适合不同的人，由此也可产生"系列设计"（见图3-43）。

(4) 适应人审美感知的家具形态要素

家具形态要素中如空间、构图、形体、尺度等基本由人的姿态和尺度来决定的，这些可认为是家具形态设计中的"硬"要素，而其他如造型、色彩、质感等影响人的情绪和感觉的因素，则可以认为是家具形态设计中的"软"要素。各种"硬"的和"软"的要素同时影响家具给人以感觉并影响人的情绪。

情绪和感觉无疑也是一种功能，是一种精神功能。设计活动应考虑适应人的感觉的问题，实质上是研究在审美体验上如何对使用者的情感加以呵护。

在人体工程学基础上对审美体验的关注，可以认为是"人性化设计"风格的来源。审美体验的"以人为本"被认为是"人本主义"设计中最捉摸不定的因素。理由是人的审美情感特征既无一定的规律可循，又无相应的定势。

对于家具的审美特征和人对家具的审美过程的研究是一个非常复杂的问题，不便展开。这里所要指出的：家具设计师应将家具的审美上升到对人性尊重的高度来认识。换言之，不负责任的和粗糙马虎的设计不仅得不到良好的经济效益，更是对消费者人性的一种亵渎。

对审美体验的研究目前已由过去的感性研究水平上升到理性研究的高度。从2002年由清华大学美术学院主办的"清华国际设计管理研讨会"上获悉，日本筑波大学的科学家利用计算机模拟技术，分析置身在一定审美环境和面对不同的审美对象时，人会作出何种情感反应，并将其结论以人们通常的表现方式进行记录。在此研究基础上，科学家试图建立"感性工学"这一全新的学科。

考虑家具形态对人的情感影响，就如同研究艺术作品的意义一样。这里涉及到一个有关如何认识家具的观念问题：家具既是一种典型的工业产品，又是一种艺术作品。家具形态设计就如同建筑、雕塑创作一样，是一种艺术设计形式。

家具作为一种特殊的艺术载体，是由造型、色彩、质感等感性因素决定的，这些也成为家具形态设计的主要内容，其创作手法与其他艺术设计形式并无不同。这里不再展开。

综上所述，家具的功能形态设计是家具设计的主要内容，家具的功能形态设计完全是"以人为本"设计思想的演绎。"以人为本"不应是一句空话或者口号，它应是对人生理和心理的全面体贴、关怀和呵护。

3.4.2 以"物"为主体的家具功能形态

所谓与家具相关的物，就是人们周围林林总总的生活用品与设施，有衣物、食物、杂物、电器、装饰品和书籍等等。由于它们都具有各自不同的形态特征，因此容纳和支持这些物品的家具也必然显示出变化的形态。具体反映为：家具功能形态要适应物的特性，物的尺度，物的功能和使用过程中物的变化。对功能形态设计而言，还要以舒适和方便为基本出发点；灵活多变和节省空间为基本手法；节省材料能源与使用耐久为原则，不断拓展新功能为目标。

（1）适应物的特性的家具形态

物的特性包括它的形状、大小、色彩、肌理、用途等，在这里主要论述形状和用途对家具形态的影响。有一些家具的形态直接以物本身的形状为特征，如某公司设计的书架，按书的形状切割出轮廓，在满足实际功能的同时，还产生了很强的趣味性（见图3-44）。一种鞋柜的设计突破了传统的直架或斜插形式，直接采用与鞋相吻合的皮鞋伴侣，即鞋面前撑和鞋后帮撑，可根据鞋的大小设定鞋撑，既很好的保持鞋的造型，又非常节省空间（见图3-45）。

储存家具的形态受物的影响最为直接，因为它要容纳物，其内部空间就必须与物的

图3-44　与书的轮廓相像的书架设计　　　　图3-45　与鞋的形状相适应的鞋柜的设计

形状相吻合或包含，如许多CD架就设计得相当到位。储存家具多以标准的立方体为基本形态，由人在这个既定空间中组织物的排列，总是会有浪费的空间和材料，但是物的形状千变万化，怎么通过设计来赋予它一个存放规律呢？这些都需要人们继续思考。

储存家具的表面分割和通透情况反映出物品的不同特性，常用物品通常要摆放在人体最适宜的活动范围内，存取方便；不常用的季节性物品就可以在上、下端的次要区域。要阻光、防尘、防潮、私密性强和贵重的物品，一般通过抽屉或门进行封闭，完全隐置，如一般的衣柜；易清理、可公开、经常使用及数量较少的展示品则放入开放式空间，如一般的博古架、展示架和壁架；想表现其通透感，但又需要保护不会落尘、受潮的物品放入半开放式空间，或加玻璃，如一般的书柜。

组合柜常常是混合电视柜或写字台、书柜、饰品柜等各种功能于一体，融合以上各种不同的功能，形成丰富的造型变化（见图3-46）。

(2) 适应物的尺度的家具尺度

在进行形态设计时，人体工程学将被反复强调，任何一件家具都要先符合人的生活习惯，但同时也需要考虑物的尺度，如果把两者精准结合，所设计的家具将既有美观和谐的外形，又有最优良的实用性。

座具和床具的尺度直接通过人体尺寸获得，似乎与物的尺度关系不大，但作为一种特殊用途的产品时，如医院的病床、学校用带文件篮和写字板的椅子，在设计时就应另当别论。即使这些与物的关系不十分密切的家具，也要考虑它们与其他家具同处在一个空间中，家具要与家具之间进行协调，如沙发要与茶几和电视的高度保持协调，座椅要与对应的桌面高度保持协调，床要与床头柜的高度协调，否则也严重影响原本功能性的发挥。

台、桌类家具的尺度要考虑适合使用者，也要满足基本的容纳空间尺度和支承物品尺寸要求的台面尺度。一般的写字桌只要1000mm × 600mm（长×宽）就可以满足日常书写需要，如果放上计算机则会不够用，需要根据计算机的尺度加长、加宽或改为转角形状，才能满足尺度要求。

就家具尺度与物品尺度相关而言，衣柜和书柜恐怕是最典型的两种家具表现。与衣柜相关的物有棉被、冬衣、长衣、中衣、短衣、裤和叠衣、内衣、领带、袜子等。它不但要满足基本的储存要求，还要使用、存取方便，满足四季交替衣被的转换要求。根据统计的物件尺寸，原尺寸及叠放后的尺寸，在衣柜内部划分为了棉被区、挂长衣区、挂短衣区、挂裤区、封闭或开敞的储衣格，抽屉以及领带和袜子的存放小区域（见图3-47）。这样丰富的形态，必须要掌握了各种物的尺度范围，才能够设计得实用，同时还要好用，要科学地容纳。而书柜则是设计师最乐意做的设计之一，按书的规定规格，4开、8开、16开、32开等来确定基本容纳空间的尺寸，同时考虑横放、竖放、叠摆及那些非标准规

图3-46　多功能组合柜

图3-47　适合各种衣物的衣帽间

图3-48　适合各种规格幅面的书柜

图3-49 与其他设施配套的厨具柜的设计（左图）

图3-50 与计算机功能适合的计算机桌（右图）

图3-51 与功能相适应的细部处理

格的书带来的尺寸变化；但若一味按规定规格设计，可能造成呆板，因此设计师会运用平面分割设计的各种手法和技巧，创造出丰富的形态（见图3-48）。

（3）适应物的功能的家具形态

家具有收纳、支承、陈列的各种功能，与家具相关的物本身也有自己特别的使用功能。因此家具形态设计应该考虑怎样促进适应物发挥其最优功能。

厨房内的器具和设备有很强的功能性，可以分为三个中心即储藏调配中心、清洗和准备中心、烹调加工中心。储藏调配中心的主要设备是电冰箱和烹调烘烤所用器具及佐料的储藏柜；清洗和准备中心的主要设备是水槽和多种搭配形式的厨台、料理桌，水槽与洗盆柜配合，上设不锈钢洗盆，厨台下可设垃圾桶与储物柜；烹调中心的主要设备是炉灶和烘炉，它们放置在灶炉上，上有抽油烟机，还应设有工作台面和储藏空间，便于存放小型器具。最为重要的是，它们的布置要按操作顺序进行，形成流线，方便人的使用，减少劳动量。厨具的形态设计必须要满足以上功能要求，并且进一步设计物与物之间的形体搭配关系，不断完善其功能性（见图3-49）。

计算机桌、椅的功能性一直倍受关注，因为它对人的身体健康有很大影响，除了从人体工程学的角度出发考虑尺度，还可以从计算机设备本身的功能性出发，考虑形态。充分利用纵向空间，用错落的架体，由上而下依次排列音箱、显示器、键盘和鼠标、主机和储物盒，也使它成为一个流程，获得最好的听觉、视觉和触觉感受（见图3-50）。

有一些家具的细部形态特征也表现了功能性，如活动小柜顶面做成托盘状用来置物，防止移动过程中物件滑落。整体厨具中有时会刻意做出突出的边角，作为独立的特殊功能区域和面积增加的操作区，同时丰富了整体造型（见图3-51）。

图3-52 功能可变换的家具小件

图3-53 功能灵活、造型优美的折叠家具

(4) 适应物的变化的家具形态变化

物在使用的过程中不是一成不变的,它有数量的增减和位置的移动变化,相应地会产生各种组合家具,如折叠家具和多功能家具等,可以根据不同的使用要求和特定环境进行多种方式的组合及变化,从而扩大使用功能,同时在造型上显示出多变性,形成丰富多样的形态变化。

组合家具包括单体组合家具,即由一系列相同或不同体量的单体家具在空间中相互组合的一种形式,如套装家具;部件组合家具,即将各种规格的通用系列化部件通过一定的结构形式,利用五金件,构成各种组合家具的一种形式;拆装式自装配家具,即在所提供的组合单元里,选择自己需要的单体,DIY自己喜欢的方案。

将几个比例不等的边桌重叠起来,套装使用,能节省很多空间,在需要的时候横放或竖摆,形成一个方便的工作空间。把设计独特的椅子放在带滑轮的边桌下面,平时可以纳物,需要时就拉出来(见图3-52)。

折叠椅和折叠桌也是用来做物的加减法,加以细节和颜色变化,能产生优美的形态(见图3-53)。

随着经济的不断发展和进步,人们的消费由"大众化"转向个性消费,对"单一功能"用品不再感兴趣,而要求系统、多功能的家具,如把音响与软体家具相结合,组合沙发,一物多用等,都相应地发展了家具的形态变化,出现以前未曾出现过的新形态。

综上所述,功能对形态的变化起着很重要的作用,而与物有关的功能形态变化也占据一定的地位,与"人"的因素一起,制约形态,发展形态。格罗皮乌斯认为,"新的外形不是任意发明的,而是从时代生活表现中产生的",形态设计也必然要立足于生活,扎根功能的土壤,不断生长,枝繁叶茂。

3.5 家具的技术形态

家具的技术形态是指与家具生产技术相关的或是由生产技术要素所决定的家具形态类型。主要包括家具的材料形态、结构形态和工艺形态。

3.5.1 家具的材料形态

家具的材料形态是指由于材料的特性不同使家具所具有的形态特征。

材料是构成家具的物质基础,同时也是家具艺术表达的承载方式之一。任何家具形态最终必然反映到具体的材料形态上来。

由于技术的发展,能用于家具的材料品种已不胜枚举。传统的家具材料以木材、竹材、石材等自然材料为主,当代家具材料则几乎包括了所有自然材料和人工材料。常见的有木材和各种木质材料、纸材、金属、塑料、橡胶、玻璃、石材、织物、皮革等,各种新型材料如合成高分子材料、合金材料、复合材料、纳米材料、智能化材料等在家具中均有运用。

(1) 材料的表面性能基本决定了家具的质感和肌理特征

不同的材料具有不同的表面特性,它们最终会反映到家具的表面形态上。木材的纹理和质感赋予了木质家具自然、生动的本性,金属光洁的表面给予了家具光洁、挺拔的外表,织物和皮革的柔软成就了家具的柔顺和温暖。根据木材的纹理和花纹进行设计的实木家具可以使家具具有强烈的个性和艺术感染力,如图3-54所示。

(2) 材料的物理力学性能与家具的形状特征具有必然的关系

材料的物理力学性能主要是指诸如材料的密度、质量、规格、导热系数、热胀冷缩等物理性能和硬度、强度、韧性等力学性能。熟知这些性能直接影响到家具的造型设计。例如:金属材料尤其是高强度合金材料普遍比木材、木质材料的强度高,因此,可以设计成各种纤细、轻巧的家具形态,如图3-55所示。人造板材与实木相比,具有较大的规格尺度,可以做幅面较大的规格尺寸设计。塑料材料具有较好的延展性和成型性能,因而可以进行随意的形状设计,如图3-56所示。结构类材料可用于家具的承重部件,而织物和皮革等只能作为家具的表面覆盖材料。

(3) 材料的加工特性决定了可能的家具现实形态

各种材料用于家具时一般不是直接采用,出于功能和审美的目的,往往经过各

图3-54 强调材料质感的木质家具

图3-55 金属与木质材料在质感和肌理上的对比

图3-56 塑料家具的表面特征

图 3-57　编织处理的竹家具、肌理丰富的沙发家具

图 3-58　雕刻处理的木家具和喷塑处理的金属家具

种加工才成为家具形态的一部分。而加工技术并不是随心所欲的，受到各种技术条件的限制，也就是说，材料的形态特征并不能完全被反映到家具形态特征上来。这就需要材料的选用者——家具设计师熟知材料的各种加工性能，才能得心应手地使用各种材料。所以，有人说设计师的设计能力在很大程度上取决于他（她）对于材料的运用能力。

经过弯曲处理的木材、金属材料可以塑造各种圆润、动感的家具形态，经过编织处理的竹材可以形成家具形态的韵律感，精心缝制的织物、皮革可以塑造不同的家具肌理，如图 3-57 所示。

(4) 材料的装饰特性与家具的装饰形态相对应

材料经过加工和处理可以具备各种装饰效果，这些装饰特性直接或间接地反映到家具形态上。

经过涂饰、雕刻处理的木材部件使木质家具或富丽堂皇、或玲珑别透、或光彩照人；经过电镀、喷塑处理的金属家具或光洁坚挺或亲切宜人，如图 3-58 所示。

在进行家具造型设计时，选择材料是非常关键的一环。

设计师应该时刻关心材料，发现各种可用的材料，尤其是各种新型材料，时刻构想材料的可能的加工途径和用途。

功能设计是选择材料的决定性因素之一。家具与人接触的部位需要温暖柔和富有亲和力，一些特殊的功能界面如实验台的表面需要具有较强的耐化学腐蚀的性能。这些都决定了家具的各个不同的部位需要选择何种材料类型，也决定了它们具有何种外观形态特征。

不同的材料往往具有相同的功能特征，这就取决于设计师对何种材料更为熟悉，这也是设计师发挥个性的最佳途径。

设计师对材料的敏锐程度也是设计师的能力之一，一些在常人看来非常不起眼的材料在设计师眼中可能是求之不得的"宝贝"。

选择了具体的材料还只是家具形态设计的一部分，设计师需要对整体家具形态进行合理的构想，采用对比、协调等各种手段才能使同一件家具中的不同材料形态取得和谐一致，达到家具整体效果的完美。

3.5.2　家具的结构形态

家具产品是一个工艺整体，家具整体是由若干个部件构成的，这些构成方式就是家具的结构。家具零部件构成家具整体的构成形式就是结构。从构成的角度来看的话，一个家具形态它可能是由若干个不同的单元形态以不同的方式结合起来的整体。

一件优秀的家具产品，必然要使用具有一定强度的材料，通过一定的接合方式来实现其使用功能和基本需求，同时还应注意其审美功能和结构的新颖独特。

就某个家具形态而言，尽管它的外部形态不变，但构成的方式可能是不同的。例如：两块水平的板件，它可以是直接连接，也可以是通过垂直的侧板连接，其形态则完全不同。

家具的结构形态是家具形态的重要组成部分。结构方式可以决定家具的整体形式，也可以决定家具的细部形态。

（1）家具的结构形态与家具功能

家具设计的目的之一就是实现家具的某些功能，而材料本身一般是不具备这些功能的，需要对材料进行适当的"组合"，"安排"它们所处的状态，这需要用结构来实现。一块木板如果宽度不足以当桌子用，就需要采用拼合的方式将一些窄的木板拼合起来。一个柜子需要围合出适当大小的内部空间，则外围的围合板是必不可少的。

家具形体需要有一定的强度特征和稳定性特征，这完全是由家具结构决定的。不同的结构形态具有不同的强度、稳定性特征。如正三角形具有稳定的特征，这种结构形式常常被用做支撑结构。

（2）家具的外部结构形态与内部结构形态

家具的外部结构形态是指充分暴露在人视线下的外观结构，很明显，它除了应满足使用功能外，还应具有较好的审美特征。

家具的内部结构形态是指家具形体中零部件的接合方式以及由内部结构所产生的可能的家具形体的变化。如板件之间的连接，采用拼板的方式连接的话，板件自成一体，天衣无缝，若采用连接件接合的话，则自然显现连接的痕迹。图3-59所示是一款多功能沙发，它的形态变化完全是由其内部结构确定的。

（3）家具结构的形态反映

有些结构形式本身就是一种具有美感的形态，如悬臂结构的力度感，如图3-60所示。

不同的结构形式有不同的外观反映。框式家具与板式家具在形态构成上一目了然，如图3-61所示。

图 3-59　多功能沙发

图 3-60　悬臂结构的力度感

图3-61　框式家具与板式家具

图3-62 故意暴露结构用作装饰（左图）

图3-63 家具表面贴面工艺形成家具表面外观（右图）

图3-64 缝接工艺产生的家具外观

图3-62所示是一种将家具结构故意暴露的设计手法，这些结构形式被当成一种装饰形态。

3.5.3 家具的工艺形态

家具的工艺形态是指由于特殊的加工工艺所成就的家具外观形态。

人造板表面覆贴薄木皮，可以是普通覆贴，也可以拼花覆贴，家具表面截然不同，如图3-63所示。

皮革、织物采用不同的缝接工艺，其皱折与肌理相差很大，有的规则直白，有的则风情万种，如图3-64所示。

由于各种不同工艺所产生的各种家具外观形态在3.4节中已经有了较详细的讨论，这里不再赘述。

3.6 家具的色彩形态

色彩是形态的基本要素之一。

色彩作为家具形态中的一种，与功能、造型、装饰、结构、材料等其他形态类型共同塑造家具的独特魅力。色彩形态和造型形态更是能在第一瞬间捕捉人的视线，吸引人们的注意力。

家具造型设计十分注重色彩的选用与搭配。一件家具产品，能在第一时间以它自己静静绽放的美来激起观者内心的澎湃，很难说清楚是源自家具"身体"上的"着色"、外形样式、亮点的装饰手法三者中的某一个，还是它们综合的结果。从这个意义上说，同属于家具设计形态中"外貌式样"部分的"三剑客"——造型、色彩、装饰，它们在整体形态中各自所具有的价值是相当的。也就是说，色彩也可以在家具形态中单独充当吸引人视线的主角。

家具色彩形态的构成大致有下列三种方式：

可塑性小的原材质固有色　家具的色彩毕竟是依附于材质上来展示的。这类色彩出自"人为可变化性"相对较小的材质，如木材、金属、玻璃等材料的固有色。其自身天然成色，无需人工"雕琢"；色泽均润丰富，纹理千变万化，色调不温不火，给人稳固、安全的视觉感受。如不静不喧，纹理生动的黄花梨；静穆沉古，分量坚实的紫檀，都使木质家具天生具有了一种沉稳儒雅的气质。此类型的色彩多用于人眼视线较低的范围，保证家具给人整体的视觉平衡性。容易与一般的室内环境、氛围融合，使人心灵沉静松弛。有一定社会阅历，性格比较稳重、温顺，看重生活质量的人群多偏爱这种带给人"平淡如水，意味绵延"色彩语言的"经看耐用"型家具，如图3-65所示。

图3-65　由材料本身的色彩成就的家具色彩

可塑性大的原材质固有色　这类色彩多出自织物、皮革、塑料等在材料生产过程中染色、调色处理较为容易的材质。色彩饱和度较高，色调多为暖色，少数冷色，浓烈特别。在家具设计中多用于视觉较向上部位，增加视觉跳跃性；色彩用法随意、大胆，如图3-66所示。此类型色彩多被用于装饰性强的单件家具设计上，能起到点缀室内空间、活跃居室色调的"画龙点睛"的作用。此类多为"时尚性、艺术性"强的"异型装饰"型色彩家具，很受年轻、热爱艺术、乐于享受生活的人群喜欢。"精彩生活，我show我的"就是它追崇的色彩语言。

覆盖色（即附加色）　与材料的固有色相区别，指经表面加工处理，将色彩添加在材质表面而形成的色彩。处理手法多为表面贴木皮、木纹纸、饰有色油漆等。色彩的任

图3-66　色彩变异性大的材料更容易塑造家具的色彩

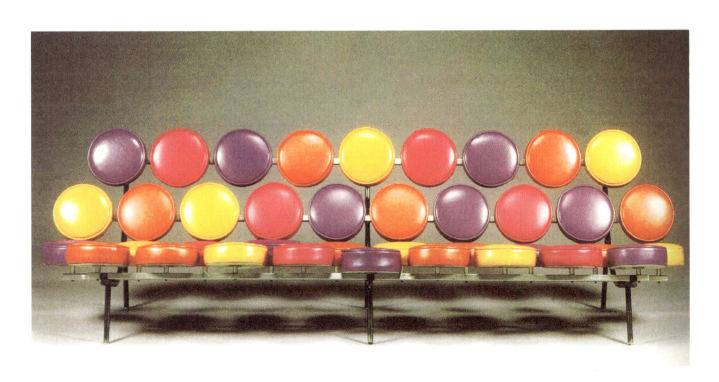

图3-67　覆盖色在家具中的运用

图3-68　色彩与外形共塑家具形象（左图）

图3-69　色彩与视觉感受（右图）

意性受限于一些实际情况（如人工作业的精准程度、特殊的使用环境对色彩的约束等）而相对小于"可塑性小的材质固有色"，但略大于第一种"可塑性大的材质固有色"。色调兼有前两者，既非"热情异常"也不"冷酷到底"，相对较为"中庸"，如图3-67所示。此类型多为"普通实用"型家具，持家有道、讲究实干、不太苛求生活享受的人群尤其欣赏这"自得其乐，知足常乐"的生活方式。

好的设计讲究整体性，人的视觉也苛求设计的整体性。在人的视觉中，色彩和造型这两个形态元素很难被活生生"剥离"。当人们赞叹一件家具造型好的时候，也许正是色彩的"衬托"完美了造型的"表现"；当人们评价一件家具色彩美的时候，也许正是造型的"穿插"突显了色彩的"演技"。

色彩形态能丰满家具整体形象。人眼总是对已经显现出来的事物的颜色、形状很敏感；容易由所看到的而产生丰富的内在联想。色彩、外形作为家具的外貌样式方面为"外"，功能、质量、技术、细节为"内"；只有在第一时间抓住人的眼球，使人产生想继续了解的兴趣后，家具的结构特征、使用功能、技术特征才能够被体验出来；色彩和造型共同演绎的视觉效果"包容"了功能的"冷漠"，使家具整体变得"有血有肉"，如图3-68所示。

色彩形态能细化家具使用功能。运用色彩的互补、对比或渐变手法，可以达到"视觉忽略"的效果，即一种合乎设计目的的"视错觉"；也可以用这些色彩变化技法与造型细节点、功能延伸处结合，来突出家具使用功能的识别，达到方便人一目了然使用的目的。这一设计特色适用于多功能的组合家具，如储存类家具。这类家具多以扩大家具单体容积率，提高功能利用率，从而达到增加居室视觉空间感的作用，如图3-69所示。造型上涵盖的具体功能，用色彩的区分加以"标识"，使消费者可充分使用到组合式家具的任一种功能，这不仅杜绝了"资源浪费"，更重要的是设计做到了"为人所想，为人所用"的"以人为本"的境界。不存在多功能型组合特点的家具，不提倡都使用这种将细节"色彩化"的设计手法,以免家具色彩过于凌乱,破坏整体性。

家具色彩传达家具意蕴内涵。对于有些侧重点不在突出功能,而是突出其艺术收藏价值的家具,色彩和外形塑造的"亲密无间"可以帮助家具传神地体现设计师的设计意图和家具的艺术收藏价值。单件或成组的装饰性强、趣味性浓、艺术性高的家具会大胆借助色彩和造型来烘托家具的美感,正是这种千变万化的特色家具满足了人们视觉渴望。

家具色彩设计与家具所在的色环境相得益彰。仅仅将家具的色彩作为家具个体内部的一种形态元素存在来进行分析和研究是远远不够的,家具只有摆放在一定的环境里才能被赋予高于自身的新的价值。即使是同一件家具摆放在不同的环境中也会展示出不同的视觉感受。环境依附物质而相对存在,家具也不可能孤立于环境,将家具的色彩效应与环境相调和,使其整合于统一的"场"。从某种意义上说,环境"包容"了家具,家具"丰富"了环境。家具所呈现的色彩形态与环境的色调能够相得益彰,是家具色彩设计的最高境界,也是家具视觉价值最大化的体现。家具与环境之间要达到和谐一体、同谱一色的视觉效果,其最基本的原则就是"确定视觉重点";将"家具"与"环境"这两个元素都确定为视觉重点或确定得不明确都不会达到好的整体视觉感受。一是以家具为视觉重点:即"环境配合家具主题",创造符合家具主题的环境来烘托"家具"这个视觉中心点。此类型多为家具展厅、家具卖场等以突出"家具"个体价值为目的的空间;环境的构筑建议使用大面积色彩明度相对弱的冷、暖色调统一大体,再利用照明、局部材质纹理变化、陈设品点缀等"动静结合"的方式,使展示的环境既不喧宾夺主,又能满足商业展示特殊性的要求,如图3-70所示。二是以环境为视觉重点:即"家具配合主题环境",用家具的补充来满足整体环境塑造的要求。此类型空间多为家居室内、餐饮娱乐等有具体主题的环境;家具在主题环境存在后被选择用来填补一些使用功能、装饰功能上的空缺。大多数为色彩造型内敛、质量好、有细节变化的成套家具;少数用来活跃空间气氛的色彩造型夸张、装饰性强、艺术价值高的单件家具。以家具服务于环境,使环境与家具之间更为"默契"的创造视觉美感,这也许就是家具色彩设计的魅力永恒所在。

图3-70 家具色彩与室内空间色彩的搭配

3.7 家具的装饰形态

家具的装饰形态是指由于家具的装饰处理而使家具具备的形态特征。

前面已经说过家具可以是一种艺术形式,装饰是不可或缺的因素,即便是一件普通的产品,装饰也经常是必不可少的。

各种装饰形态在家具设计中的应用也是由来已久,早在古埃及时期,几何化的装饰元素普遍地应用于各类家具的界面中,并形成一种夸张、单纯、生动、秩序的艺术风格。

家具的装饰形态强化了家具形式的视觉特征,赋予了家具的文化内涵,折射了设计的人文背景，使家具整体形态在室内环境中发挥装饰的作用，并增添了家具单体的装饰内容及观赏价值，如图 3-71 所示。

家具装饰的方法很多，总的说来有表面装饰和工艺装饰两种。所谓表面装饰是指将一些装饰性强的材料或部件直接贴附在家具形态表面，从而改变家具的形态特征。如木质家具表面的涂饰装饰，家具局部安装装饰件等都属于这一种。所谓工艺装饰是指通过一定的加工工艺手段赋予家具表面、家具部件一些装饰特征，如板式家具人造板表面用木皮拼花装饰，在家具部件上进行雕刻处理，使其具有一定的图案，在家具部件上进行镶嵌处理，将一些装饰性好的材料或装饰件与家具部件融为一体。

家具装饰可以改变家具的整体形态特征。例如，中国传统家具中的明式家具和清式家具，它们在整体形状特征上区别不大，但后者往往加以奢华的装饰，两者便呈现出不同的形式和艺术风格。

图 3-71　装饰增加了家具的艺术特征

家具装饰部位的形态特征也可以是以局部形态特征反映出来。家具外形上有无装饰元素，其整体形态特征已经有所区别，这是家具装饰形态对整体特征的影响，同时，这些装饰元素可能会以确定的形式如图案、色彩、形状等反映出来，它们本身就是一种独立于家具之外的确定的形态。如雕刻装饰，除了改变家具整体形象外，其雕刻的图案、雕刻工艺本身就是特定的形态，如图 3-72 所示。

图 3-72　雕刻装饰本身也具有特定的形态特征

家具是否需要装饰，这就是一个非常复杂的问题了。围绕着装饰这个话题，在设计艺术领域已经有了很长时间的争论。"少即是多"是一种基本的观点。主张不必要的装饰，没有装饰本身就是装饰。"重视装饰"是一种与之对立的观点。主张用装饰来体现设计的意义与内涵，除了注重装饰的形式外，还注意装饰的技巧与技艺。"将装饰与功能等实质意义结合在一起"是一种大多数人普遍接受的观点。反对虚假和无意义的装饰，反对为了装饰而进行的装饰，主张装饰的理性与实质意义。

3.8　家具的整体形态

由物体的形式要素所产生的给人的（或传达给别人的）一种有关物体"态"的整体感觉和整体"印象"，就称为"整体形态"，家具作为一种物质的客观存在，势必给人留印象。家具可以是整体环境中的家具，也可以是独立存在的家具，因此，家具作为一种特殊的产品形态类型表现出其整体形态特征的表现方式有两种：一是家具在室内环境"场"中表现出来的形态特征，即家具在室内环境中的整体形态指的是在所处的某一室内环境中的家具与家具、家具与室内之间的组合、协调与统一所构成的室内环境的整体形态；二是家具自身整体形态设计，即同一家具中的各种形态要素所展现或传达给人的一种有关物体形态的整体感觉和整体印象。

整体家具形态的设计基本出发点是从整体协调一致的角度来考虑家具的形态。室内空间形态的构成要素是多方面的，其中家具作为室内空间的主要陈设，对于室内空间的整体形态构成具有决定性的意义。就单独的家具形态而言，由于家具承载着诸多的文化意义，因此对于家具的叙述也不是一件简单的事情。系统设计方法论的基本原理告诉人们，任何设计对象都不是相互孤立的，只要将与设计对象相关的所有因素综合考虑，才能达到设计的真正目的。

（1）室内空间环境"场"中的整体家具形态

室内空间具有典型的形态特征，它的主要构成要素包括室内的空间形态、空间的组织、空间的体量、空间界面的形态以及室内空间的视觉特征等。在上述各类室内空间构成要素中，家具都扮演着不可替代的角色。

由建筑本体塑造的室内空间由于受到各种因素的制约往往是非常有限的，这不能完全满足人们居住和生活的需求，赋予室内空间一个完全适合于人们生活行为和审美行为的形态特征，室内设计担负着完善和改造建筑空间的重要责任。家具作为一种可视的形态存在，既可以使原本单调的室内空间变得丰富多彩（图3-73），也可能因为家具的存在使原本秩序井然的建筑空间变得杂乱无章。在这里，家具整体形态与建筑空间的相容性就十分重要。问题的关键在于确立建筑室内空间形态和家具形态的主体性，即本教材第1章中所讲述的关于"场景"与"角色"的关系问题。家具既可以构成室内空间形态的"场景"，也可以作为室内场景中的"角色"。当原本建筑室内空间形态比较单纯时，其形态特征主要由包括家具在内的室内陈设决定，此种情形下的家具形态设计担负着构筑室内空间"场景"的作用。当前社会上在处理居住室内空间时普遍流行所谓"重装饰轻装修"的做法，实质上就是把室内陈设作为室内空间的"场景"来加以营造的做法。作为室内空间场景的家具，其形态设计的定位应该是以"大手笔"的形式出现，从而确立室内空间的基本形式特征（见图3-74）。当原本建筑室内空间形态处于主导地位时，包括家具在内的室内陈设的形态特征就应当是"配角"，"点缀"便成为主要的设计手法。

家具通常以一种"体空间"的形式出现在室内空间中，由于家具的存在，原来的室内空间不可避免地发生变化。原本宽敞的室内空间由于家具的存在可能变得拥挤，也可能因此而变得生动和充实。家具的体量特征对室内空间体量特征的影响是不言而喻的。一个偌大的室内空间只有依托体量大的家具才能形成生活的氛围。

人们在评论城市景观和城市规划设计时，常常用到"城市天际线"的术语，其实质意义是建筑以及城市景观在城市空间中的"轮廓线"的形态特征。家具等陈设在室内空间界面的形态特征在很大程度上构成了室内空间界面的"轮廓线"，同时也赋予了室内空

图3-73 家具设计调整室内空间秩序（左图）

图3-74 家具设计是室内设计的主要内容（右图）

图 3-75 家具外形轮廓与室内空间构图

图 3-76 家具是室内空间形态的重点

图 3-77 家具形态是一种综合形态

图 3-78 多功能家具形态

间各立面形态特征中虚与实、色彩等形态的具体内容。落差起伏、纵深前后、虚实结合、色彩搭配的家具和陈设形态成为室内空间界面设计的主体，如图3-75所示。

一般而言，原本建筑室内空间的视觉特征是非常有限的，尤其表现在视觉中心主体不突出。室内空间中的家具设计可以人为地创造出室内空间中的视觉中心。宾馆大厅中的主服务台、住宅室内客厅中的电视柜、卧室中的床及床头造型等家具类型均表现出此种形态特征。此类家具设计应当成为所有其他类型家具设计的重点，如图3-76所示。

总之，作为室内环境"场"中的家具形态设计应当以室内空间形态作为基本立足点，以营造和谐统一的室内空间氛围为主要目的。

（2）独立存在的家具整体形态

对于家具设计师而言，家具也经常以一种独立的创作对象而存在。这种设计背景下的工作更类似于雕塑等艺术创作形式或专业的产品设计工作。

在本教材前面的内容中分别论述了家具的各种不同意义的形态类型，如家具的材料形态、装饰形态等，可以认为它们都是从造型形态的某一个侧面或不同的角度出发对家具形态的一种片面观点。我们认为，家具很少以一种简单或单纯的形态特征出现，因为家具设计需要追求完美的造型意义，而一个完整设计意义的表达通常需要一个丰富而具有内涵的形态来加以体现。家具是一种物质性与精神性兼备并具有丰富文化内涵的产品，要表达家具的完整意义，需要将家具的各种形态特征综合于一体来集中实现。家具的物质形态特征如技术形态、材料形态、结构形态等融合于一体，集中实现家具功能的意义；各种材料形态、装饰形态、色彩形态等的有机统一，以此来实现家具的装饰意义；各种形态的完美结合，综合实现家具的文化意义。

家具设计同其他设计艺术一样需要追求设计自身的风格特征。一种具有典型风格意义特征的设计往往是一系列形态特征的综合的具体体现。中国传统家具中明式家具风格的主要特征表现在合理的功能尺度、简洁的造型、天然质感的木材、繁简相宜的装饰、精致和高强的结构等几个方面，因此，体现这种风格的家具形态，必然是家具在材料形态、结构形态、功能形态、装饰形态等方面的综合反映，如图3-77所示。

当代家具往往以一种工业产品的形态出现。作为一种工业产品，除了需要体现作为产品的完整的功能意义外，还不可避免地带有工业产品的形态痕迹。

多功能是现代工业产品典型的特征之一，家具产品的设计也不例外。家具产品的多功能必然伴随着家具形态的组合化和多样化。一个凳子实现了坐的功能形态，有了扶手和靠背的形态之后，才使凳子具有了椅子的功能，而椅子的形态与凳子的形态特征明显是有区别的。具有多功能的系统家具是当今家具设计领域的一大创新，并在相当长的一段历史时期内会成为家具设计的主要趋势之一。将居住空间中的背景墙、视听柜和储存柜等功能综合于一体的客厅组合柜就是这种形态特征的典型例子，如图3-78所示。

从狭义的设计意义出发，家具设计就意味着对家具产品的造型构思。一个完美的造型体现了合理的形态构成原则和各种形式美的法则。家具造型设计具体落实在对形态的构成要素如点、线、面、体、色彩、质感等要素的分解与组合上，要使这些要素具有为人所接受的特定的审美意义，设计师常常要运用统一与变化、对称与均衡、节奏与韵律等具体的造型形态。这个复杂过程中最关键的因素就是要使各形态要素达到高度的协调。

总之，家具作为一种形态存在，必须体现家具自身完美的造型意义、功能意义，才能实现自身完美的形态。

4 家具造型形态要素及其构成

　　家具的造型形态往往是多种形态要素的综合体。一件家具作品中包含了功能、材料、结构、色彩、装饰等多种形态类型，它们是家具造型的外在表现形式。而这些形态类型最终将落实到具体的形态要素并加以反映。也就是说，仅研究家具造型中的各种形态类型是不够的，更重要的是了解这些形态要素的构成规律。

　　分析家具造型便可以看出：家具的造型是由形式要素、色彩要素、肌理要素、装饰要素等决定的。家具造型的"形式要素"决定了家具的"形状"性质，它不仅赋予了家具的功能，同时也赋予了家具的形式美；家具造型的"色彩要素"、"肌理要素"决定了家具造型的外观性质，它们赋予了家具造型典型的艺术美；家具造型的"装饰要素"在赋予家具艺术美的同时，更多的是赋予了家具特殊的文化意义。这些才是家具"造型"意义的全部。

　　关于"形状"还有其他的造型要素，长期的设计实践为我们总结了大量的关于它们的构成法则，这就是我们通常所说的"形态构成法则"。

　　这里需要说明的是：前人总结出来的关于形态构成的基本规律是建立在大众审美的基础之上的，也就是说，这些所谓的"法则"、"规律"是人们所公认的。实践证明，符合这些基本规律和法则的造型具有符合一般审美心理的特点，因而被认为是"美"的。

　　这里就提出了一个关于"个性"的问题。如果大家都按照既定的"法则"和"规律"办事了，是否会出现形式上的"千篇一律"？我们认为：对于相同的规则可以有不同的理解，因而会出现不同的演绎和阐释，这些不同的演绎和阐释就是设计师的个性。

4.1 家具的形式要素及其构成法则

"形式"是指通常人们所说的"形状"、"模样",它包括形态要素的空间组合形式和秩序。形态构成原理告诉人们:基本形态要素包括点、线、面、体、空间等几种;每一种复杂的形态都可以分解成单一的各种基本形态要素,反过来,各种不同的形态基本要素的组合便构成了不同的形态。因此,讨论形态构成的问题最终落实到对基本形态要素的分析和它们之间的组合构成方式的问题上。

4.1.1 家具形式构成的基本形态要素——点、线、面、体

家具的基本形态要素包括点、线、面、体等几种。

(1) 点

在几何学的概念里,点只有位置没有大小。在形态学中,点是一个相对的概念,是指某一具有同样性质的形态相对于它所存在的背景或相对于整体而言,在面积、体积的量上相对较小,在感觉上与几何学中所标定的点的性质相似。例如,在柜类家具表面存在许多点状的拉手,就家具整体而言,拉手具有"点"的性质,但如果是单独去对拉手进行考究,这时的拉手可能就是一个具有图案性质的"面"了。

从上面的概念中可以看出:形态学中的"点"不仅具有面积的大小,还具有确定的"形状"和色彩。

点的构成包括三个方面的因素:一是点之所以成为"点"的条件;二是点本身的形状与色彩;三是点在形态中的排列与位置即点的构成。点之所以成为点,是因为它的视觉空间量小。因此,要塑造出点的特征,只有在比较的基础上才有可能。点本身的形状和色彩不能被忽视。各种不同形状的点不仅具有不同的图案特征,而且具有不同的情感特征。点的排列组合形式有很多种。在组合状态上,可以是独立、分散、积聚的组合形式;在排列秩序上,可以是等距离排列也可以是变距排列。

在形态学中,点是具有一定的情感特征的。最显著的特征是具有向心性,即在标明位置的同时,构成人们的视觉中心,从而肯定出"重点"。点具有打破它所存在的背景或"基体"的单调感的效果,面或体都可能因为点的存在而更生动。

家具中的点经常表现为柜门和抽屉的拉手、显著的功能配件或装饰部件、皮革或织物表面用以固定和强调"折皱"的装饰扣和各种泡钉等,如图4-1所示。

(2) 线

在几何学的概念里,线是点运动的轨迹,因此,线没有宽度只有方向;线又是面的界限或者是面与面的交界。在形态学中,线是一个非常明确的概念,线在平面上有宽度,在空间中有粗细和体积。与点的概念相对应,线也是一个相对的概念,即指某一具有同样性质的形态相对于它所存在的背景或相对于整体而言,在面积、体积的量上相对较小,在感觉上与几何学中所标定的线的性质相似。例如,在柜类家具中突出于柜身表面的侧板的端面相对于柜面来讲具有线的特征;椅子的腿脚具有线的特征;某些部件相对于家具整体和家具的其他部件来讲,形体较细长,这样的构件也具有线的特征。

与点的构成相对应,线的构成也包括三个方面的因素:一是线之所以成为"线"的条件;二是线本身的形状、色彩与态势;三是线在形态中的排列与位置即线的构成。线之所

以成为线，是因为它与整体或背景相比其视觉空间量小。线本身具有形态，大致可以分为直线和曲线两类。按照线的位置形态来分，线又可分为平面曲线和空间曲线两种。按照它的成型和性质原因，可以将线分为几何线和自由线，前者的形状以及空间位置具有一定的规律性，而后者则没有。

各种不同性质的线具有不同的情感特征。直线简单、明了、有力，能确定一定格式和位置，塑造特定的性格和气质；细直线敏锐，粗直线厚重强壮；水平线平静开阔，垂直线刚直挺拔，如图4-2所示。曲线优雅、柔和、丰满、富于变化，能充分表达思想感情；几何曲线单纯、理智、明快，自由曲线动感、奔放、浪漫，如图4-3所示。

图4-1 家具中的"点"

图4-2 直线的造型特征

图4-3 曲线的造型特征

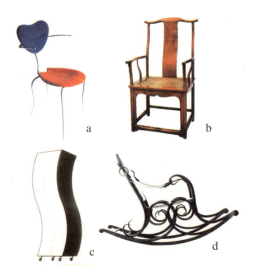

图4-4 家具中的"线"

家具中的线表现为多种方式。家具的整体轮廓线可以是直线、斜线、曲线以及它们的混合构成，如图4-4 a所示；家具的零部件可以以线的状态存在，如腿脚、框架等，如图4-4 b所示；板式家具板件的端面如侧板的突起、板件与板件之间的缝隙在外观上也是线，如图4-4 c所示；家具的一些功能件、装饰件也常常是以线的形式出现的，如图4-4 d所示。

家具中线的构成主要指线条的连接、排列、对比与调和。线条的连接主要是指不同性质的线条之间的连接，如直线与曲线的连接、曲率大的线条与曲率小的线条的连接等。线条的排列是指相同和不同的一些线条的组合排列以及它们的积聚状态。线条的对比和调和是指线条组合在一起后所形成的效果，如线条间的间隔、线的集散状态、线的性质（形状、长短、曲直）渐变、线与线的过渡等，如图4-5所示。

（3）面与形

几何学中面是指线移动后的轨迹，几何学中的面没有厚度也没有边缘。面围合成体。在形态学中，面是一个非常明确的概念，面既有大小也有形状。在家具中，家具的表面包括外形表面、功能表面等都是具体的面。

图4-5 家具造型中的"线构成"

面有平面和曲面两大类。曲面是指曲线按照一定的轨迹移动后所形成的轨迹。平面在空间中表现为不同的形。形又分几何形和非几何形。几何形是指按一定数学规律构成的形，如直线围合而成的各种多边形（三角形、四边形、多边形）、圆、椭圆以及多边形与各种圆形组合而成的形等；非几何形是指各种有机形和不规则形，有机形是指与自然界中的有机形体相似的形，表现为具有某种具象性，以自由曲线为主构成，而不规则形是指人为创造的毫无规律可循的各种形。

各种不同性质的面具有不同的情感特征。几何形规则整齐、简洁明了、有秩序，在造型设计中用得最多的包括正方形、长方形、三角形、圆形等几种基本形，其中正方形坚固、强壮、稳定、庄严，但略显单调，长方形睿智、理性、有活力，三角形锐利、稳定、永恒，圆形温暖、柔和、愉快、圆满、有动感。有机形生动、浪漫、有活力。不规则形个性突出。

家具中的面表现为多种方式，主要是以家具形体的表面出现。由家具的功能性所决定，家具中出现的面一般为平面，如图4-6所示。但也常常出现曲面，如椅类、沙发类家具等，如图4-7所示。

家具中面的构成主要指家具形态中面的各种形式、面的分割、面的组合。家具形态可能由各种不同形式的面形成；对于一些家具表面，尽管它在外形上是一个整体平面，图4-8所示的衣柜正表面，但它却是由许多更小的平面构成的，如单个的衣柜

图4-6 家具中的"平面"

图 4-7　家具中的"曲面"　　　图 4-8　衣柜正面的平面构成　　　图 4-9　家具的面构成

门，每个衣柜门多大，就涉及到一个比例问题，这个比例关系的确定实质上就是对衣柜整体表面的分割；一件家具在外观形态上可能是由多个面构成的，它们之间的组合、位置、大小比例关系遵循一定的规则，这就是面的组合，如图4-9所示。

（4）体

几何学中的体是指面移动的轨迹。形态学中的体通常是指由点、线、面等形态要素组合而成的三维空间。设计任务的不同，人们对空间的利用和追求也有所不同，对于建筑造型、家具造型而言，人们更加强调外部空间形态，有人也称其为正向空间设计，而对于建筑空间设计、室内设计而言，人们却更加注重内部空间，有人也称其为反向空间设计。

就体本身的形态而言，体有几何体和非几何体两大类。几何体是指按一定的几何规律构成的三维空间体，如正方体、长方体、圆柱体、圆锥体、球体等。非几何体泛指一切不规则的形体，如各种生物体。由于家具是一种人造产品，因此家具一般以几何体的形式出现，也可以通过各种特殊工艺如注塑成型等，用一些特殊材料塑造出一些非几何体的家具形态，如图 4-10 所示。

在构成体的诸要素中，面对体的情感特征影响最大，因此，体具有与面相似的情感特征。但与面不同的是，体具有体量的感觉。所谓体量，就是指体所具有的占据一定空间大小、具有一定的"重量"（这里的重量是指在视觉上的重量即人们通常所说的分量）的性质。体量大使人感到形体突出，容易产生力量和重量感，体量小则使人感到小巧玲珑，具有亲近感，如图 4-11 所示。

图 4-10　家具表现出"体"的特征（左图）

图4-11　家具的体量感（右图）

家具造型设计中体的构成主要是指体的构成方式以及所构成的体的类型。这些将在下面的章节中详细介绍。

4.1.2 家具形式构成之平面构成

前面已经介绍了关于面的基本知识。

我们知道，出于功能和技术的原因，家具形态中有许多是以面的形式出现的，如家具的外形表面和功能表面，因此，家具形态中面的形态性质对家具造型的影响很大。例如：衣柜造型主要由衣柜的正立面表面的形式所决定，写字台的造型差异更多的在于台面形式和台面下"围板"的形式。

家具造型设计中，面的构成表现在三个方面：一是在家具基础面上线条的构成形式；二是不同形式的平面形状在家具中的运用；三是家具的立面分割设计。

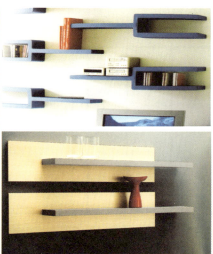

图4-12 家具造型中的直线间的过渡

（1）直线、曲线的过渡

在家具的平面构成中，常常涉及到家具基础面（即家具的某一立面或同一剖切面）上线条间的过渡，包括直线与直线、直线与曲线、曲线与曲线的过渡等几种形式。

直线与直线的过渡 从形式上来说，有直线之间的对接、错位、相交等集中形式。对接是指两直线在方向上呈180°连续。这种连接有光滑过渡、渐变过渡和宽度变化等几种方式。光滑过渡实质上是直线的延长，如衣柜上下部单体对齐后侧板的边缘所呈的状态；渐变过渡是指直线由宽变窄或由窄变宽，这种情况经常发生在家具零件的形状上；线条的宽度变化是指在线条的对接位置初线条宽度明显不同，即宽线与窄线的连接。光滑过渡、渐变过渡均表现出良好的整体感，宽度变化线条的连接则强调冲突感、对比感，如图4-12所示。

直线与曲线的过渡 即指直线与曲线的连接，有弦连接（直接连接）、切线连接（光滑过渡）两种。弦连接有明显的对比，比较生硬；切线连接则整体感强，如图4-13所示。

曲线与曲线的过渡 曲线之间的连接一般采用光滑连接，即曲线与曲线的光滑过

图 4-13　家具造型中的直线与曲线的过渡

图4-14　家具造型中的曲线与曲线的过渡

图 4-15　办公家具台面以长方形为主

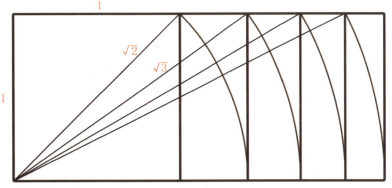

图 4-16　根号长方形及其画法

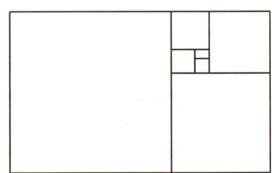

图 4-17　黄金分割长方形及其画法

渡。曲线间的连接生动活泼，尤其是流线型的造型，如图 4-14 所示。

(2) 具有规律的长方形

不同的平面形状在家具造型设计中均有反映，如图 4-15 所示。

家具造型中经常出现长方形的零部件以及长方形的空间形状，如柜门、抽屉的表面，许多家具的正立面等，让这些长方形具有良好的形状特征和比例效果，可以使家具获得较好的美感。

长方形是家具表面的主要形状类型之一，长方形的长和宽具有不同的比例时，这些长方形具有不同的美感。家具造型设计中常常用到下列长方形。

平方根长方形　长边与短边的比分别为 $\sqrt{2}$、$\sqrt{3}$ 等，如图 4-16 所示。

黄金分割长方形　长边与短边的比约为 1.618，如图 4-17 所示。

(3) 平面分割的类型及其形式

所谓平面分割，是指将一个大的或完整的平面形状划分为若干个大小不等、形状不同的小的平面形状。在造型中，也指由大小、形状不同的小的平面形状构成一个大的平面形状。如先确定好衣柜的整体长宽尺寸，再在衣柜的正立面上作不同的水平方向或垂直方向的空间划分，或由宽度不等的门构成一个大衣柜的整个立面形状，这些设计都可称为关于衣柜表面的平面分割构成设计。

分割设计是平面设计的重要内容之一。分割设计所研究的主要是整体和部分、部分和部分之间的均衡关系，就是运用比例等数理逻辑来表现造型的形式美。它一方面研究家具形式上某些常见的而又容易引起人们美感的几何形状，另一方面则研究和探求各部分之间获得良好比例关系的数学原理。

平面分割的类型有如下几种：

数学级数分割　是指按数学中的级数规律如等差级数（算术级数）、等比级数（几何级数）规律和法则来进行分割。由于这种分割的间距具有明显的规律性，因而使分割富于变化和具有韵律感，如图4-18所示。

等分分割　即等量同形的分割，就是把一个总体分割成若干相等而又相同的部分。这种分割常表现为对称的构成，具有均衡、均匀的特点，给人以和谐的美感。等分分割一般以两、三、四等分为多，如图4-19所示。等分分割具有典型的理性美，但处理不好，则易产生单调的感觉。

倍数分割　是指将分割的部分与部分、部分与整体依据简单的倍数关系进行分割，如1∶1，1∶2，1∶3，1∶4，……由于它们的数比关系明了简单，给人以条理清晰、秩序井然之感，在柜类家具表面分割中得到较广泛的应用，如图4-20所示。

黄金分割　是一种公认的古典美比例，在设计中应用最为广泛，如图4-21所示。

平方根比例分割　与黄金分割具有类似的美感。平方根长方形分割的画法是：由长

图4-18　同一矮柜中不同的抽屉高度按数学级数分割

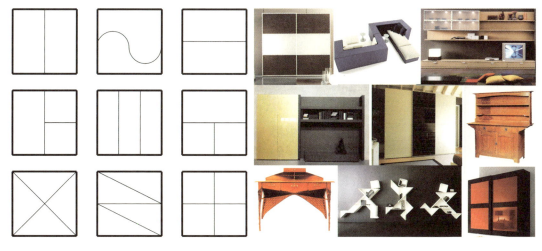

图4-19　家具造型设计中的等分分割

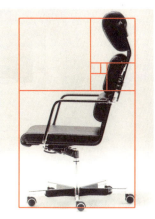

图4-20　倍数分割（左图）

图4-21　黄金分割比例（右图）

图 4-22　平方根比率分割　　　　　　　　　　图 4-23　自由分割

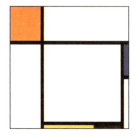

图 4-24　蒙特里安图

方形的一角向另外两角的连线（对角线）连续地有规律作垂线可以将平方根长方形等分，如图 4-22 所示。

自由分割　是设计者运用美学法则或凭自己的直觉判断所进行的任意分割。虽然是"任意"，但却是有规律可循的，否则，将会使分割显得过于凌乱。如使分割的比例接近、分割的比例呈渐次变化、使图形相似等手段，如图 4-23 所示。

自由分割实质上是上述分割法则的综合运用。如蒙特里安名为"构思"的油画看似自由分割，实际上其中包含严谨的分割原则：以等分分割为基础，在 8 等分的基础上，在右侧增加一条 1/16 的垂直分割线……如图 4-24 所示。

4.1.3　家具形式构成之立体构成

和平面构成一样，抽象的立体构成是造型艺术的基础学科。在此不再赘述。

很明显，家具一般是以三维立体形式存在的，根据已经掌握的立体构成的原理，我们认为家具的立体构成的基本形式如图 4-25 所示。

(1) 线构成的家具形体

家具材料以"线"的形式出现所构成的家具形体。这些材料包括金属线材（如钢方管、钢圆管、钢丝等）、竹材（如竹原材、竹条、竹篾等）、藤材、塑料条、织物条、小木条等。尽管这些材料本身是一定形状的实体，或方或圆或呈不同的断面形状，但断面尺寸与长度尺寸相比相差悬殊，可以认为是"线"。

家具整体全部或大部分由线型零件构成的家具称为线构成的家具，如图 4-26 所示。这一类型的家具轻快活泼，有极强的韵律感。

(2) 面构成的家具形体

当长、宽尺寸远远大于厚度尺寸时，这样的形体可以认为是面。面是构成家具的最普遍的形式，如板式家具的零部件一般均为板件，其他如金属、塑料均可以板的形式制造家具。

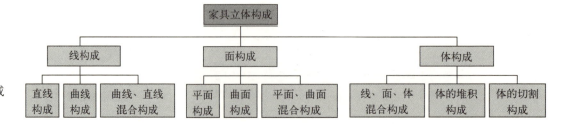

图 4-25　家具立体构成的基本形式

图4-26 线构成的家具形体极富韵律感

图4-27 面构成的家具简洁轻快

　　面有平面、曲面之分。平面的制造工艺较为简单，一般只需要基本的拼接和切割即可，如将窄的小木板拼接成面积较大的木板，或在幅面较大的人造板上切割出所要求的板件形状。曲面的制造工艺相对复杂一些，如塑料的模压成型、金属板材的压延成型或浇注成型、玻璃纤维与树脂混合模塑成型、木质人造板模压成型等。

　　家具整体全部或大部分由面型零、部件构成的家具称为面构成的家具，如图4-27所示。面构成的家具形体简洁、轻快。

图 4-28　家具造型与体的堆积构成　　　　　　　　　图 4-29　家具造型与体的切割构成

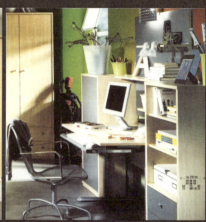

图 4-30　按照家具的功能构成"体"

图 4-31　体构成的家具稳重厚实

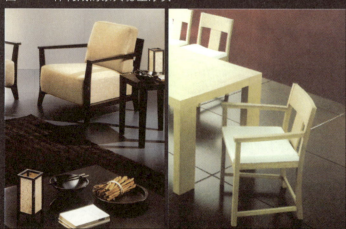

图 4-32　家具中线、面、体的混合构成

(3) 体构成的家具形体

这里所谓的"体"构成是指以"体块"形式出现的形态,即体块构成。

体构成最基本的形式有以下两种:

体的堆积构成　体的堆积构成可以理解为不同形体的"组合",这种组合的结果可以是一个连续、完整的整体,也可以是分散的,前者为一件家具形体,即单件家具,后者为一组家具形体,即组合家具,如图4-28所示。

体的切割构成　与体的堆积构成秩序相反,体的切割构成可以认为是在一个大的形体上作"减法"处理。例如,一个深度、宽度、长度不同的组合柜,可以认为是在一个大的立方体的基础上,分别在长度、宽度、深度方向作切割处理以后所构成的形态,如图4-29所示。

家具的体的构成原则有以下两种:

按照家具的功能而设计　即将不同的功能要素组合在一起,以便形成综合和完整的功能类型。如沙发的构成可以看作是体的构成,座垫、扶手、靠背各自具有不同的功能,而三者组合在一起时,便实现了完整的沙发功能,同时,有座垫、扶手、靠背三个单独的体所组合而成的形体也成为了一个完整的沙发形体。再如,一个组合柜的设计,其中的一部分具有一种功能,当将各种功能的家具单体组合在一起时,这个组合柜具有了多种功能,同时,这件家具也具有了组合家具的形状特征。如图4-30所示。

按照形态构成规律和形式美的法则构成　在相关设计基础课程中,我们已经了解了关于体构成的基本规律,包括体的形态与获得、体的空间特性、构成秩序、体的构成法则等,这些都成为"体"的家具形体的设计原则。在本教材的相关章节中,我们探讨了关于"对称与均衡"、"比例与尺度"、"稳定与轻巧"、"统一与变化"等形式美的法则,这些原则同样成为体构成的家具形体的设计原则。

体构成的家具具有较大的体量感,稳重厚实,如图4-31所示。

(4) 线、面、体混合构成的家具形体

上面分别讨论了由线、面、体等形态要素单独构成的家具形体。实际上,大部分家具形体是由上述形态要素混合构成的。

桌、椅类家具中,线与面混合构成是最普遍的形式,直线、曲线、几何平面、非几何平面、曲面等相互连接、交错、重叠等,使得家具形体千姿百态。桌、台、几、柜类、沙发等家具常常是线、面、体的混合体。如图4-32所示。

4.1.4　形体可变化的家具

所谓家具形体的可变化,是指家具在不同位置和不同使用功能情况下,在结构不发生改变的情况下,呈现出不同的形态。各种可折叠的桌、椅、沙发、床具,可以拆分和拼合的组合柜、沙发,可推拉、翻转的小件等,类似这样的家具例子可谓举不胜举,如图4-33所示。

这种类型的家具形态设计一般分为几个步骤,先是由家具各种不同的功能状态确定家具在不同过程中的形态,再分析在变化过程中各零部件的运动状态和运动轨迹,根据物理力学原理和机械原理实现这些运动和满足零部件的强度要求,经过反复的实践和测试,最终确定零部件尺寸和各种结构形式。由此可见,这一类家具的设计与机械设计更加接近,如图4-34所示。

图 4-33　形体可变化的家具　　　　　　　　　　图 4-34　家具设计也具有机械设计的特点

4.2　家具的色彩要素与配色原理

色彩是造型的基本要素之一。家具形态设计中离不开家具的色彩设计。家具色彩在很大程度上影响家具形态的美观，完整的家具造型设计应该包括色彩设计在内。

4.2.1　关于色彩的基本知识

可见光是波长为 400～700nm 的电磁波。各种不同的波长作用于人的视网膜时，产生不同的对于色彩的感觉。不同的色彩可以使人产生不同的心理反应。人们对于色彩的审美也具有不同的心理。因此，色彩科学涉及到光学、化学、生理学、心理学、美学等相关学科。

为了研究的方便起见，经过人们长期的实验与研究，人们按照色彩的性质和特点，归纳出了关于色彩的"三要素"：色相、明度、彩度。

人们将由光的刺激所产生的视觉称为"色知觉"。具有某种颜色并对它的命名称为色相，具有某种色相的知觉色称为彩色，反之称为非彩色。

颜色中含某种色相成分所占的比例（浓度）则称为色彩的饱和度。亮度是人对一般照度等级大小的感觉。明度通常是在对比的前提下，有关刺激或环境影响下产生的关于颜色的深浅程度或明暗程度。

彩度，又称为纯度、鲜明度。指色彩的清浊程度。彩度只有在被观察物体为非孤立物体时才可以察觉，因为它涉及到一定环境下颜色中灰度或负灰度的含量的比例。

鉴于我们已经具备了上述关于色彩的常识，这里主要介绍现代家具设计中常用到的色样系统。

所谓色样系统，则是按照色彩的色相、明度和彩度三要素进行科学的秩序整理、排列、分类而组成的系统色彩关系。又称为色彩体系或色立体。色彩体系能帮助设计师正确识别色彩，从而把握色彩种类与制定色彩标准。

(1) 色立体结构

色立体的实质是把色彩三要素有系统的排列组合成一个立体形状的色彩结构。其基本结构为以明度阶段为中心垂直轴，往上明度高，以白色为顶点；往下明度渐低，直到黑色为止。其次由明度轴向外做水平方向的彩度阶段，愈接近明度轴，彩度愈低；愈远离明度轴，彩度愈高。各明度阶段都有同明度阶段向外延伸，因此，构成某一个色相的"等色相面"。以明度阶段为中心轴，将各色相的"等色面"，依红、橙、黄、绿等顺序排列成一放射状的结构，便形成色立体。

(2) 孟塞尔色立体

根据美国美术教师与画家 A·H 孟塞尔提出的颜色排列方案标色的方法，以色彩、色值和色品的测量标度来标色。这三个量分别对应于主波长、亮度和强度(或纯度)，按这三种特性排列出几百张色卡组成了色图。以三维表示的孟塞尔色系又称为孟塞尔树。国际染色或涂色表面的不透明色则以孟塞尔色系校定。孟塞尔色彩体系是孟塞尔1913年在出版《孟塞尔色系图册》一书时创立的。1918年孟塞尔逝世后，孟塞尔公司又于1929年以《孟塞尔彩色图册》为名出版了新版的图册。美国光学会测色委员会又于1940年将此书修正，1943年发表了"修正孟塞尔色彩体系"，由此成为国际通用的标准色标，如图 4-35 所示。

孟塞尔色立体的色相是以红(R)、黄(Y)、绿(G)、蓝(B)、紫(P)等五种基本色相为基础，再加上间色黄红(YR)、黄绿(YG)、蓝绿(BG)、蓝紫(BP)、红紫(RP)等五种间色，即成为10种色相。此外每种色相又可细分为10等份，总计可得10个刻度，其中以各色相的第五号，即5R、5RY、5Y等作为该色相的代表色相。在色相环直径两端的色相呈补色关系。

明度是从黑色(N_0)开始，分为N_1、N_2、N_3 到 N_{10}(白色)为止。共计11个阶段，中间有9个灰色阶段。N 是 Neutral 的缩写，是指灰色。

彩度阶段是从0(无颜色)开始的。用渐增的等间隔色彩感来区分，由/1、/2、/3的数字表示。如红色的彩度有14个阶段，最高彩度表示为/14。

色立体表示法，以H表示色相(Hue)、V表示明度(Value)、C表示彩度(Chroma)，HV/C形式如5R4/14，5R表示色相为红色，4表示明度为4，/14表示彩度为14，如图 4-36 所示。

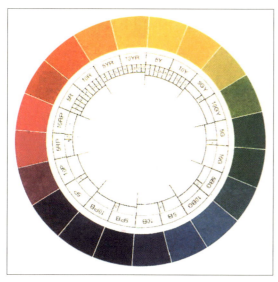

图 4-35　孟塞尔色环

图 4-36　孟塞尔色立体

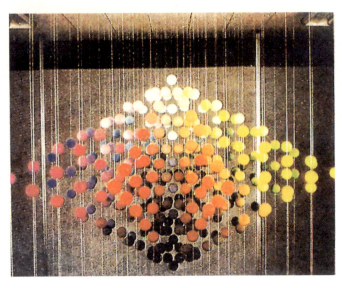
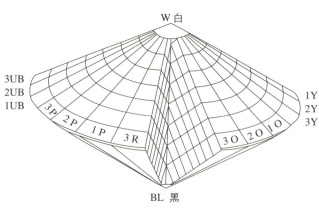

图4-37 奥斯特瓦尔德色立体

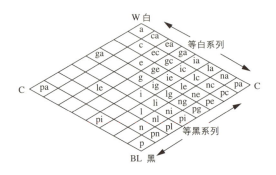

图4-38 奥斯特瓦尔德色立体的纵断面

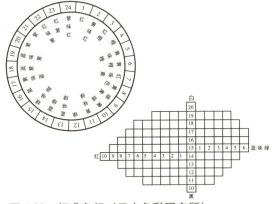

图4-39 标准色标（日本色彩研究所）

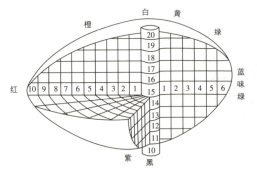

图4-40 色的表示法（日本色彩研究所）

（3）奥斯特瓦尔德色立体

德国化学家奥斯特瓦尔德曾于1909年获得诺贝尔化学奖，在1916年发表了色彩体系的基本概念，于1920年创立了色彩体系，如图4-37所示。

基本色相是黄(Y)、橙(O)、红(R)、紫(P)、蓝(B)、蓝绿(BG)、绿(G)、黄绿(YG)等8个色相，每一个色相再分3色，成为24色相，在色相环上以1~24的号码来表示。色相环上位于直径两端的颜色互为补色。

无彩色的有8个明度阶段，即从白到黑，依序以a、c、e、g、i、l、n、p的符号表示。a表示最明亮的白色标，p表示最暗黑色标，其间有6个阶段的灰色，黑白含量分别见表4-1。

表4-1 8个明度阶段的黑白含量

记号	a	c	e	g	i	l	n	p
白量	89	56	35	22	14	8.9	5.6	3.5
黑量	11	44	65	78	86	91.1	94.4	96.5

由表4-1可见，p的明度为：白量3.5%加黑量96.5%混合成的灰色。

奥斯特瓦尔德认为，一切色都由纯色与适当的白、黑混合而成，白量加黑量加纯色量=100。

奥氏色立体，以明度阶段为垂直轴，以此轴为一边的正三角形，于水平顶点放置纯色。如图4-38所示分割成28格，每格固定记号表示该色所含黑白比例。

色表法如51e由色相环可知5为橙色，1为白色量，根据表4-1可知为8.9%。e为黑色量，为65%，则依公式为W+B+F=100计算出纯色量为：

100 − 8.9(W) − 65(B)=26.1，纯度为 26.1% 中性。

(4) 日本色彩研究所标准色系

该色系又称为标准色标。

色相为红、橙、黄、绿、蓝、紫 6 个主色相，从红到紫 1~24 个符号，明度以黑为 10，白为 20，其间分 9 个灰色，计 11 个阶段。其彩度近似孟塞尔体系。根据色相、明度的不同，红纯色的彩度为 10，彩度最高，如图 4-39 所示。

色的表示法是"色相 - 明度 - 彩度"的格式。如 12-15-6 是指色相 12 的绿，明度为 15，彩度为 6 的色即为绿的纯色，如图 4-40 所示。

以上介绍的色彩体系是把色彩客观位置的确定和色彩的调和进行了系统而严密的组织，称为色彩的系统化。它们已经成为设计师应用色彩的工具。但制定色彩计划，若忽视了产品设计受体积、形态、质地等要素的影响，即使设计师考虑了色彩体系，也会失去实际作用。正如日本大智浩在其名著《设计的色彩计划》一书中所述："在美国，基于奥斯特瓦尔德色彩理论，所制成的大小无数个配色盘或配色器具的大部分，对于小学生或中学生的极初步的色彩问题，发挥最大的解决力，但是对于专家们几乎没有什么利用价值，例如配色盘那样有权威的配色盘也是愈简单，利用价值愈广泛，则愈有效果；若愈精密，愈多色，其适用范围反而愈狭小。"可见，产品设计师应重视色彩计划，可将设计的色彩对照色立体来制定色彩配色标准，并应用到产品的批量生产之中。

4.2.2 家具获得色彩的基本方法

家具的色彩主要通过如下途径获得。

(1) 家具基材的固有色

可以作为家具基材的材料种类很多，常见的如木材、竹材、藤材、人造板、塑料、金属、石材、皮革、织物等。这些材料有些本身具有良好的色彩，用它们做成家具后，家具直接反映材料的色彩。各种木材的天然色彩如红木的暗红色、檀木的黄色、织物的印染色等均可直接作为家具的色彩。金属配件具有金属的色彩和光泽，也常常直接用于家具上，如图 4-41 所示。

图 4-41 不同材料对家具色彩的影响

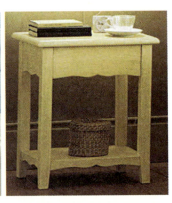

图4-42 同一纹理的基层木板经不同涂饰色后的效果（上图）

图4-43 基材经饰面材料处理后表现出饰面材料的色彩（下图）

（2）涂饰色和工业处理色

用各种带有颜色的染料对家具或家具零部件进行染色处理，或用各种颜色的涂料涂饰在家具基材表面，从而使家具具有染料、涂料的色彩。如实木家具在涂饰油漆前采用油性或水性染料对基材进行染色，再覆盖以无色透明的面漆；或者用有色的油漆直接涂抹在家具表面，使家具具有油漆的色彩，如图4-42所示。

一些金属、塑料等工业用材在作为家具材料时，常常进行一些特殊处理，如金属材料的电镀处理、塑料材料的喷塑处理、玻璃材料的磨砂处理等。经过这些处理后的材料用于家具，使家具获得相应的色彩。

（3）覆盖材料的色彩

当一些家具基材的表面质量较差或色彩效果欠佳时，我们常常用装饰材料将家具基材进行包覆，经过这样的工艺处理后，家具的颜色体现为装饰材料的色彩。如用各种色彩的"防火板"、三聚氰胺装饰板、木纹纸、装饰纸等覆盖表面质量较差的"素面"人造板，如图4-43所示。

4.2.3 家具造型设计中的配色原理

家具配色是家具造型设计的重要内容。

（1）配色的一般规律

不同的色调具有不同的心理感受

明调——亲切、明快	灰调——含蓄、柔和	黄调——柔和、明快
暗调——朴素、庄重	彩调——鲜艳、热烈	蓝调——凉爽、清静
冷调——清凉、沉静	红调——热烈、兴奋	橙调——温暖、兴奋
暖调——热情、温暖	绿调——舒适、安全	紫调——娇艳、华丽

与色相有关的不同配色具有不同的心理感受

色相数少——素雅、冷清　　　色相对比强——活泼、鲜明

色相数多——热烈、繁杂　　　色相对比弱——稳健、单调

与明度有关的不同配色具有不同的心理感受

长调(明度差距大的强对比)——坚定、清晰

短调(明度差距小的弱对比)——朴素、稳定

高调(以高明度为主的配色)——明亮、轻快

低调(以低明度为主的配色)——安定、庄重

与纯度有关的不同配色具有不同的配色效果

高纯度——鲜艳夺目　　　高纯度的暖色相配——运动感

低纯度——朴素大方　　　中等纯度的配色——柔美感

纯度高、明度低的配色——沉重、稳定、坚固感，称为硬配色

纯度低、明度高的配色——柔和、含混感，称为软配色

与色域有关的不同配色具有不同的配色效果

面积相近的配色——调和效果差

面积相差大的配色——调和效果好

不同明度色彩配置——明度高的在上有稳定感；明度高的在下有动感

不同色相相配具有各种不同的配色效果

黑、红、白色相配具有永恒的美。黑、红、黄色相配具有积极、明朗、爽快的感觉。白色与黑色相配具有沉静、肃穆之感。高明度的暖色相配具有壮丽感。白色配高纯度红色，显得朝气蓬勃。白色与深绿色相配，能产生理智之感。白色与高纯度冷色相配，具有清晰感。

总之，要设计好一组色彩，除了要掌握必要的配色基本理论外，还必须通过长期的、刻苦的训练和实践。

(2) 家具色彩设计

配色的基本原则　家具的色彩设计，不同于绘画作品和视觉传达设计，它受工艺、材质、家具物质功能、色彩功能、环境、人体工程学等因素的制约。配色的目的是为了追求丰富的光彩效果，表达作者情感，感染观众。家具的色彩设计，作为家具造型设计的内容之一，应该体现出科学技术与艺术的结合、技术与新的审美观念的结合，体现出家具与人的协调关系。

家具整体色调　指从配色整体所得到的感觉，由一组色彩中面积占绝对优势的色来决定。整体色调因为受画面中占大面积的色调所支配，所以可以通过有意识的配色，使之呈现出一个统一的整体色调，以提高表现效果。色调的种类很多，按色性分有冷调、暖调；按色相分有红调、绿调、蓝调等；按明度分有高调、中调、低调等。集中用暖色系的色相具有温暖感，而集中用冷色系的色相则具有寒冷感；以暖色或彩度高的色为主能产生视觉刺激；以冷色或纯度低的色为主色彩感觉平静。以高明度的色为中心的配色轻快、明亮；而以低明度的色为中心的配色沉重、幽暗。如图4-44所示。

按家具的物质功能进行配色　家具的色调设计首先必须考虑与家具物质功能要求的统一，让使用者和欣赏者加深对家具的物质功能的理解，有利于家具物质功能的进一步发挥。

图4-44 不同的家具整体色调

如儿童家具鲜艳的色调，老年家具沉着的色调，办公室明亮的色调，医院家具的乳白色、淡灰色基调，休闲家具的自然色调，卧室家具淡雅的色调，等等，如图4-45所示。

人机协调的要求 不同色调使人产生不同的心理感受。适当的色调设计，能使使用者产生舒适、轻快、振作的感受，从而形成有利于工作的情绪；不适当的色调设计，可能会使使用者产生疑惑不解、沉闷、委靡不振的感觉而不利于工作、学习、生活。因此，色调设计如能充分体现出人机间的协调关系，就能提高使用时的工作效率、生活中的舒适感，减少差错事故和疲劳，并有益于使用者的身心健康，如图4-46所示。

色彩的时代感要求——流行色 不同的时代，使人们对某一色彩带有倾向性的喜爱。这一色彩就成为该时代的流行色。家具的色调设计如果考虑到流行色的因素，就能满足人们追求"新"的心理需求，也符合当时人们普遍的色彩审美观念。

与服装服饰一样，家具的流行色趋势也非常明显，如我们经常所形容的"白色旋风"、"黑色风暴"、"奶油加咖啡"等，就代表着我国某一个时期家具的流行色，如图4-47。

不同国家与地区对色彩的好恶 由于种种原因，不同国家与地区的人们对色彩有着不同的好恶情绪。色调设计迎合了人们的喜好情绪，就会受到热烈的欢迎；反之，产品在市场上就会遭到冷遇。

某些色彩带有一定的宗教意义或者特定的意义，我们必须详细地了解各种色彩在不同地域、国家、民族里所表示的各种含义。

(3) 家具的配色

配色时应从色的强弱、轻重等感觉要素出发，同时考虑色彩的面积和位置以取得产品的整体平衡。

色彩强弱与平衡的关系 暖色和纯色比冷色和淡色面积小时，可以取得强度的平衡，在明度相似的场合尤其如此。因此，像红和绿这种明度近似的纯色组合，因过于强

图4-45　具有年龄特征的家具色调

图4-46　办公家具的色彩设计

图4-47　不同企业生产的松木家具

图4-48 家具中的色彩强弱与平衡

图4-49 家具中的色彩轻重与平衡（左图）

图4-50 家具中的色彩面积对比与平衡(右图)

图4-51 家具中中等面积、中等程度的色彩对比（左图）

图4-52 家具饰品对家具与环境的影响(右图)

烈反而不调和，可以通过缩小一方的面积或改变其纯度或明度加以调和，如图4-48所示。

  色彩轻重对比与平衡的关系 在家具色彩设计中，把明亮的色放在上面、暗色放在下面显得稳定；反之则具有动感，如图4-49所示。

  色彩面积对比与平衡的关系 在进行包括家具在内的大面积的色调设计和与环境相关的家具色彩设计时(如与建筑、墙壁、屏风、其他陈设等)，除少数设计要追求远效果以吸引人的视线外，大多数应选择明度高纯度低、色相对比小的配色，以使人感觉明快舒适、和谐、安详，以保证良好的精神状态，如图4-50所示。

  对单体家具的色彩设计属于中等面积的色彩设计，应选择中等程度的对比，这样既保证色彩设计所产生的趣味，又能使这种趣味持久，如图4-51所示。

  对家具局部的色彩进行设计，属于小面积色彩设计，应依具体情况而定。如属于图案，则宜采用强对比以使形象清晰、有力、注目性高，并能有效地传达内容；若是装饰色，则宜采用弱对比以体现产品整体的文雅、高贵。

图4-53 家具设计的配色

家具饰品的选配,可适当选择纯度高、对比强的配色,突出产品的形象,增添环境生气,如图4-52所示。

家具配色是家具造型设计的基本内容之一,比较通用的方法就是在产品设计图上标示出色样或实物(油漆样板、表面材料样板、织物小样等),以便生产和销售过程中的核对,如图4-53所示。

(4) 家具配色的层次感

各种色彩具有不同的层次感,这是由人们的视觉透视和习惯造成的。因此在家具色彩设计时,可利用色彩的层次感特性来增强家具的立体感。

一般来说,纯度高的色,由于注目性高,具有前进感;纯度低的色,注目性差,有后退感。明度高的色,有扩张感;而明度低的色,有收缩感。因此前者具有前进感,后者具有后退感。同样,面积大的色,有前进感;面积小的色,有后退感。形态集中的色,有前进感;形态分散的色,有后退感。位置中下的色,有前进感;位置在边角的色,有后退感。强对比色,有前进感;弱对比色,有后退感。

暖色与其他色对比,具有前进感,并且以红色最明显;冷色与其他色对比,有后退感,其中以蓝色最明显。

(5) 家具配色的节奏

几种色彩并置时,使色相、明度、彩度等作渐进的变化(在色立体中按某一直线或曲线配色),或者通过色相、明度等几个要素的重复,可以给人以节奏感。

(6) 几种常用配色的基本技法

渐变通过将色彩三要素中的一个或两个作渐进的变化,表现出的独特的美感,如图4-54所示。

支配色通过一个主色调来支配家具的整个配色,从而使配色产生统一感的技法。类

图4-54 家具的色彩渐变

图 4-55　不同支配色的家具效果　　　　　　　　图 4-56　家具中的色彩分隔

似用滤色镜拍摄彩色照片的效果，如图 4-55 所示。

分隔对色相、明度和纯度非常类似、区别太弱的色彩，或者相反，色彩的色相、明度和纯度对比太强时，可在对比色之间用另一种色彩的细带使之隔离，这种方法特别适用于大面积用色。如高纯度的红和绿色相配时，若在中间加一条无彩色的细带，就会使其沉静下来。常用的细色带可以是白、灰、黑色，无彩色或金色、银色，如图 4-56 所示。

4.2.4　家具的流行色

前面已经提到和服装服饰一样，家具色彩尤其是作为产品的家具色彩有较强的时尚性。因此，关于家具的流行色是所有家具设计师共同关心的话题。

家具的流行色与人们的心理因素、社会审美思潮、社会的经济状况、消费市场等因素有关。人们的求新、求变以及趋同的心理是产生流行色的根本原因。社会发展变化为流行色提供了"土壤"，例如，在饱受工业污染的今天，人们普遍向往和热爱大自然，展现大自然的色彩随之受到青睐，各种木材色、天空色、海洋色、沙漠色、田野色、森林色普遍受到欢迎。社会经济状况和人们的消费能力是推动流行色的动力，如果人们对色彩的变异无动于衷的话，流行色也无从谈起。流行色有如下的特点：

其一，时代性。不同时代有不同的色彩需求，流行色具有强烈的时代感。因此，设计师要时刻掌握时代的脉搏。

其二，社会性。流行色一旦流行，便会在全社会范围内的各种产品中产生影响。当前对家具流行色的研究远不及服装领域的水平，而服装流行色对家具的流行色将会产生影响。因此，家具设计师应时刻关注其他领域的设计动向。

其三，时间性。流行色在有限的时间段内流行，流行色常常交替变化。

其四，规律性。流行色演变的规律一般为"明色调——暗色调——明色调"，或"冷色调——暖色调——冷色调"，或"本色——彩色——本色"。按地域来看，一般是从经济发达地区"传递"到经济不发达地区，由时尚地区传递到传统保守地区。

4.3 家具的肌理要素与肌理设计

肌理（或称为质感）是材料表面的组织构造，是材料的外观表现形式之一。通常人们所说的光滑、细腻、粗糙、柔软、坚硬等都属于此。

材料的肌理有触觉之肌理和视觉之肌理之分。触觉肌理是通过用手触摸材料时人所感觉到的关于材料的质地。触觉肌理既是一种触觉肌理，又是一种视觉肌理。所谓视觉肌理是指无法通过触摸行为去感受、由视觉去感受而引起触觉经验的联想，从而产生关于冷、热、硬、软、粗糙、细腻等各种心理感觉。

材料的肌理有天然肌理和人造肌理之分。天然肌理是指材料本来具有的肌理。但通过加工等手段可以改变材料的天然肌理，这种经过人工加工后材料所表现出来的肌理称为人造肌理。例如，木材有木材的天然肌理，是由木材的细胞组织结构所决定的，但对木材进行不同的加工如粗刨和精刨后，木材表面很明显会有粗糙与细腻之分。

不同的材料具有不同的肌理。这也是尽管材料种类繁多但相互之间有时是无法替代的原因之一。例如，尽管木材资源十分有限，供需矛盾日益突出，但许多需要用木材制成的产品，我们仍然无法用其他材料取代。木手柄的感觉与塑料手柄、金属手柄的感觉永远不相同。图4-57所示是不同材料的不同肌理。

同样的材料由于制造工艺不同也会产生不同的肌理。材料的天然肌理铸造、锻造的金属和经过抛光、电镀后的金属的质感显然不同。竹板与竹篾的视觉质感也明显不同。

不同的肌理会使人产生不同的情感效应——感觉、审美、联想、寓意等。这也是需要研究肌理的重要原因之一。

图4-57　不同材料的不同肌理

图4-58　布料与皮革肌理的对比

4.3.1 造型中的肌理

造型离不开材料，材料具有肌理，由于材料的肌理不同所创造的造型表现出不同的形态特征。因此，设计与材料的肌理有关。反过来说，设计工作包括对材料的肌理设计。

肌理对形态有较大的影响。

首先，肌理影响形态的外观特征。即使形状要素完全相同，如果肌理不同的话，形态特征也会发生很大的变化。例如，两组形式完全相同的沙发，一组是布艺沙发，另一组是皮革沙发，则布艺沙发自然、朴实、亲和力强，而皮革沙发则显高贵、奢华，如图4-58所示。

其次，肌理影响形态的体量感。粗糙、无光泽使形体显得厚重、含蓄、温和，光滑、细腻，有光泽的肌理则使形体显得轻巧、洁净，如图4-59所示。

再次，肌理能改变产品与人的关系。肌理柔软时，显得友善、可爱、诱人；肌理坚硬时，显得沉重、排斥、引人注目，如图4-60所示。

图4-59 肌理的体量感

图4-60 柔软肌理表现出来的亲和力

4.3.2 家具造型设计中的肌理设计

家具造型设计中必须考虑肌理的因素。

(1) 肌理设计的原则

肌理设计应符合家具的功能要求 家具的许多功能与家具表面材料的肌理有关，如工作台面需要整齐、洁净，因此，常设计成光滑、细腻的肌理；与人接触较多的人体家具的表面需要自然、亲切，像沙发的座面、写字台的与人的肘部接触较多的部位等，这些部位一般采用皮革、织物等材料；有些拉手需要通过手与拉手的摩擦力才能发挥作用，此时，拉手的表面则不能太光滑；衣柜的内表需要整齐洁净，因此一般用肌理光滑的装饰板贴面；公共场所使用的家具要便于进行清洁卫生，因此一般用塑料、金属等材料。

肌理设计应符合家具品质特征的要求 实木家具追求的是木材的天然肌理，任何装饰木纹纸尽管外观色彩与实木一模一样，但仍不具有木材的肌理品质，不能完全替代木材。贴薄木的木质家具比贴纸的在价格上有明显的区别。

肌理设计应满足家具的审美特征要求 不同的肌理有不同的美感。公共空间的家具需要高效简洁，而私人家具则需要亲切、可人。普通家具追求的是自然、朴素，而有些场合，家具是一种地位的象征，则需要稳重、威严。这些都可以通过不同的肌理设计加以实现。

家具肌理设计应尽可能地发挥原材料本身的肌理特性 木材表面可以作全封闭涂饰和半封闭涂饰、开放性涂饰，前者追求的是光滑的肌理，但这不完全是木材肌理的"优势"，后者追求的木材的天然肌理，因而具有特殊的肌理效果。

（2）肌理设计的技巧

挖掘家具材料特有的肌理特征，可以产生出人意料的效果。例如，木材在不同的剖切面上（横切、弦切、径切）具有不同的肌理图（图4-61），竹材作胶拼、编织时肌理截然不同，皮革表面可以作"磨砂"等特殊处理。

选择合适的材料，强调材料肌理的对比效应或丰富家具表面效果，如图4-62所示。

让肌理的设计成为一种特殊装饰手段，如图4-63所示。

图4-61 木材不同剖切方向所表现出来的肌理特征（左图）

图4-62 肌理设计是家具造型设计的一种特殊手段（中图）

图4-63 家具造型设计中的肌理对比（右图）

4.4 家具的装饰要素与装饰设计

根据人们对于家具的审美要求对家具形体进行"美化"就称为家具装饰。一般说来，家具形体主要由家具的功能来决定，家具装饰从属于形体。但家具装饰决非可有可无。即使是造型简洁的现代家具产品，也离不开装饰。有人甚至认为：家具装饰在某种程度上赋予了家具的艺术意义，家具的艺术在很大程度上就是装饰的艺术，例如，家具装饰风格是鉴别家具风格的主要因素,对于传统家具而言尤其如此。这种观点虽然过于片面，但有一点是可以肯定的：装饰能增强家具的艺术效果，好的装饰能加强人们对家具产品的印象，增强产品的美感，丰富家具产品的品种类型。

4.4.1 家具的主要装饰类型

家具装饰形式多样。从装饰部位上讲，可以对家具整体进行装饰，也可以对家具局部、家具零部件进行装饰；从装饰目的上讲，有功能性装饰、非功能性装饰；从装饰手法上讲，有涂饰、雕刻、镶嵌等多种方法。概括起来，家具的装饰类型有如下五大种类。

（1）涂饰

涂饰就是将家具涂料涂布于家具表面的一种装饰形式。

涂饰的目的是保护家具和对家具进行装饰。保护家具是涂饰的主要目的。对于木质家具而言，涂饰可以保持家具表面的洁净，能使木（质）纤维与空气、水分、其他化学物质隔绝，从而避免木材开裂、变形、变色、腐朽、虫蛀、干缩湿涨，保护木材经久不变质；对于金属家具而言，涂饰可以让空气、化学物质与表面隔绝，从而避免腐蚀。除保护家具以外，通过涂饰可以对家具进行装饰。例如，可以将涂料的颜色赋予家具，可以通过特种涂饰工艺，改变家具的表面肌理，使其具有特殊的效果。

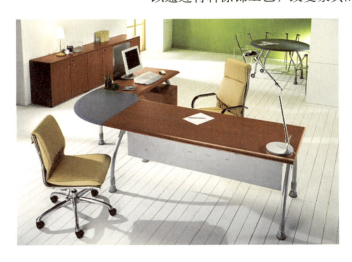

涂饰的形式主要有两种：一是透明涂饰，即涂料是无色透明的，家具色彩真实反映家具原材料的色彩；二是非透明涂饰，即用有色涂料涂布在家具表面，使家具呈现出涂料的色彩。对于木家具而言，透明涂饰不仅可以保留木材的天然纹理与色彩，而且通过特殊的工艺处理，可以使木材纹理更加清晰，颜色更加鲜艳悦目。透明涂饰一般用于名贵木材或优质阔叶树材制成的家具上。在透明涂饰工艺中，如对基材通过染色处理，可以使某些低档次木材具有名贵木材的色彩效果。不透明涂饰的颜色可以任意选择和调配，家具最后呈现的色彩与基材无关，因而可以降低对基材的要求。低档次的木材制成的家具、素人造板做基材的家具、金属家具等一般采用不透明涂饰，如图4-64所示。

图4-64 不透明涂饰的木家具

（2）贴面装饰

贴面装饰就是将薄型材料覆盖在家具基材表面，从而改变家具表面品质的一种装饰方法。

由于贴面装饰后的家具表面呈现的是贴面材料的品质效果，因此，应慎重选择贴面材料。首先，经过贴面装饰后，应能满足家具的正常使用功能，因此，对材料的表面平整度、耐磨性、耐酸、碱等化学物质的性能，表面硬度、表面强度，贴面后贴面材料与基材的接合强度等有具体的要求；其次，需要有比基材更好的装饰效果，包括色彩、肌理效果等；再次，应方便于施行贴面装饰。

当代家具设计常用的贴面装饰类型有如下几种：

薄木贴面 将以木材为原料采用特殊加工方法制成的薄木贴于人造板或直接贴于被装饰的家具表面即薄木贴面。

根据薄木的加工工艺和薄木的装饰特征不同，常用的薄木有三种：一是用刨切的方法直接刨切珍贵木材而得到的天然薄木；二是采用特殊的方法先制成"人工木材"，如单板集成材，即先将普通木材进行刨切或旋切，制成"单板"，再对单板进行染色，仿照珍贵木材的年轮情况和颜色将这些单板进行胶拼，制成方材，再刨切方材所得到的薄木，称为"再生薄木"或"高科技薄木"；三是将珍贵木材的木块按设计的图案先胶拼成大木方，然后进行刨切，所得到的具有图案效果的薄木，称为"集成薄木"。

按照薄木的厚度，又可将薄木分为单板、薄木（0.3~0.8mm）、微薄木（0.3mm以下）三种。单板、薄木具有和木材几乎一样的外观效果，可以进行砂光、打磨等各种表面加工，外观肌理与木材一致，且可以直接进行贴面；微薄木尤其是一些早、晚材比较明显或生长轮较明显的木材材种的微薄木，由于极易被撕裂，因此贴面时应多加小心，有时

可能要在薄木下面先粘贴一层辅助材料，如"无纺布"，以增强薄木的机械强度，方便于贴面施工。

图4-65所示是家具表面的薄木装饰。

印刷装饰纸贴面　即用印有木纹或其他图案的装饰纸贴于家具基材表面，然后对表面进行涂饰处理。由于是印刷出来的，纹样和图案的选择性广，从而丰富了家具品种。

对装饰纸的品质有一定的要求。

装饰纸贴面一般用于中、低档家具装饰，如图4-66所示。

装饰板贴面　即用各种装饰板材覆盖在家具表面。如三聚氰胺树脂装饰板、浸渍纸板、防火板、有机玻璃板、塑料板等。

其他材料贴面　即用织物、皮革、竹薄木、金属薄板等装饰性好的材料贴面，如图4-67所示。

（3）装饰线脚

家具线脚是家具形态中一种特殊的线型。为提高家具的工艺性和美观起见，在板式部件的端面、线与线、线与面、面与面、面与体等部位的过渡处常常以各种特殊的线型出现。这些线型的主要作用是装饰。

家具上的装饰线脚有的是在零部件上直接加工而成，如在板件的侧面采用铣削成型的方法铣出各种线型，在腿脚部分进行铣削、雕刻等，有的是采用定制好的装饰线脚零件将其安装在家具的适当部位。

家具线脚装饰常用的线脚形状，如图 4-68 所示。

（4）各种艺术装饰

所谓艺术装饰是指将其他艺术形式用于家具装饰中，如绘画、雕刻等。常用的手法有如下几种。

雕刻　雕刻是一种传统的手工艺。中国雕刻艺术历史悠久、成就辉煌。在家具装饰上，清式家具的雕刻艺术可谓登峰造极。

图4-65　家具表面的薄木装饰（左图）

图4-66　家具表面的印刷装饰纸装饰（中图）

图4-67　金属薄板用于家具表面装饰（右图）

图4-68　家具中的常用线脚

图 4-69　雕刻的类型　　　　图 4-70　模塑件装饰

图 4-71　家具中的镶嵌装饰　　　　　　　　　图 4-72　木家具表面的烙花装饰

图 4-73　家具表面的绘画装饰

图 4-74　家具表面的描金装饰

家具的雕刻装饰按雕刻方法与特性可分为线雕、平雕、浮雕、圆雕、透雕等，如图 4-69 所示。

线雕也称凹雕，是在木材表面刻出粗细、深浅不一的内凹的线条来表现图案或文字等的一种雕刻方法。

平雕是一种将衬底铲去一层，使图案花纹凸出的一种雕刻方法。平雕也有花纹图样凹下的，如同线雕，只不过凹进深浅而已。平雕的所有图案花纹都与被雕木材的表面在同一平面上。

浮雕也叫凸雕，是在木材表面刻出凸起的图案纹样，呈立体状浮于衬底面之上，像平雕，但较之平雕更富于立体感。浮雕图案由在木材表面凸出的高度不同而分为浅浮雕、中浮雕、深浮雕。

圆雕是一种立体状的实物雕刻形式，可供四面观赏，是雕刻工艺中最难的一种。这种雕刻应用较广，人物、动物、植物、神像等都可表现。

透雕又叫镂空雕，是将装饰件镂空的一种雕刻方法。把图案纹样镂空的称为阴透雕，把图案纹样以外的部分镂空的称为阳透雕。

几乎所有的木材品种都能进行雕刻，但以木质结构均匀细密的木材最为适宜，如红木、花梨木、黄檀、紫檀、核桃楸、香樟木、荷木、椴木、柚木、桦木等。中密度纤维板也是一种适合雕刻的家具基材。

雕刻既可手工加工，也可机械加工。手工加工作为一种传统工艺，其产品的审美价值高，机械加工的生产率非手工加工所比，而且其精致程度一点不逊色于手工加工。

模塑件装饰　用可塑性材料经过模塑加工得到具有装饰效果的零部件，将这些零部件用于家具制造，取得具有装饰性的形态效果，如图 4-70 所示。

聚乙烯、聚氯乙烯、聚氨酯等树脂都是常用的模塑材料。

模塑件装饰可以取得与雕刻装饰相同的装饰效果，而且模塑件表面可以仿照木材的纹理与肌理进行加工，可以得到以假乱真的效果，生产效率远高于手工雕刻。

镶嵌　将木块、木条、兽骨、金属、象牙、玉石等稀有珍贵材料加工成型，如仿花草、摹风景，与这些镶嵌件相对应，在家具基材表面刻好相应的沟槽与图案，然后再将这些镶嵌件嵌粘到已刻好的家具基材上。如图 4-71 所示。

烙花　将电烙铁加热到 150℃以上，用绘画的笔法在木材表面进行烫烙，或者将具有一定图案形状的金属件加热后直接烫印在家具表面，由于木材炭化颜色变深所得到的图案效果，如图 4-72 所示。

一般说来，纹理细腻、色泽白净的木材较适合此类加工，如椴木等。

绘画　以家具为基体，在家具上绘画的装饰手法。个性化家具、艺术家具、儿童家具、民间家具中多常见，如图 4-73 所示。

绘画装饰有手绘和印刷等方法，颜料分油性和水性两种。民间家具甚至将绘画作品直接糊裱在家具表面，然后进行涂饰处理。

镀金和描金　将家具零部件进行镀金处理，再安装在家具上，或者直接在家具零部件表面进行描金处理。现代工艺中常见的是将薄的金箔裱在家具表面，然后进行涂饰处理，如图 4-74 所示。

(5) 其他装饰

除上述装饰类型之外的其他装饰类型均归为此类。常见的有如下几种。

图 4-75　家具表面的五金件装饰

图 4-76　家具表面的织物装饰

图 4-77　家具表面的标志与图案

图 4-78　家具上的灯光装饰

图 4-79　家具装饰风格

图 4-80　家具的个性化装饰

五金件装饰　五金件在家具中一般是作为功能件，因为五金件在材料类别、色泽、肌理等方面与家具基材不同，而且五金件具有自身的形状，所以常常又作为装饰件。常用的家具五金件有玻璃、拉手、铰链、角花、锁牌、泡钉等，如图4-75所示。

织物装饰　家具中与人体接触的部分采用软体时，使用起来比较舒适；又因为除软体家具外，大部分家具类型都是用硬质基材制造而成，为了强调与家具基材的对比，在家具局部常采用软体结构。在上述情况下，织物装饰是常见的装饰类型。

由于在肌理、色彩上与家具基材不同，因此织物装饰具有强烈的装饰效果，如图4-76所示。

标志和图案　各种标志、图案粘贴在家具表面，可以赋予家具特殊的意义或良好的现代感。例如在儿童家具表面粘贴各种人物和动物的卡通图片，其生动活泼便一跃而现，在简洁的家具形体中饰以各种现代标志，"酷感"倍增。即使是商标等商业性标志，其装饰意义也不可小视，如图4-77所示。

灯光等现代科技手段　在现代装饰手法中，光、色成为最主要的装饰要素。在家具造型中，办公家具、民用客厅家具、酒柜、床等家具类型常采用灯光装饰。将灯具巧妙地"安插"在家具形体中，在需要的时候通电，发出夺目的光彩，如图4-78所示。

4.4.2　家具装饰设计原则

家具装饰在家具设计中的作用是不容置疑的，但是，装饰不可滥用，在现代家具中尤其如此。家具装饰设计的原则如下。

（1）与功能协调的原则

对于家具产品而言，功能是第一位的，所有装饰手段应服从于功能。如沙发表面织物与皮革的折皱装饰一方面是强调这些表面材料的肌理，同时也是为了增加沙发表面的透气性；贴面装饰一方面是改变家具的表面效果，另一方面是增强家具表面的质量品质；涂饰作为装饰手段可能改变家具的颜色和表面肌理，但更重要的是保护基材；拉手虽然要美观，但能作为拉手使用却是第一位的；办公桌桌面与人体接触的部位采用皮革面装饰，主要是为了增强桌面与人接触的"手感"；座面上镶嵌石材，是为了使人坐在椅子上更觉凉爽。

（2）与家具整体风格一致的原则

家具艺术是一门综合性艺术。艺术设计的整体化原则同样适用于家具设计。家具发展史告诉人们：一种家具艺术风格有其特殊的表现特征，其中就包括装饰特征在内。换句话说，一种家具风格可能是由其装饰特征决定的，一种装饰特征也可能成就一种家具风格。

当家具整体设计风格一旦确定后，装饰设计应围绕着整体设计思想展开。否则，就会显得不伦不类。如现代家具的装饰，主要是通过色彩和肌理的组织对家具表面进行美化装饰，如大量采用雕刻等传统装饰手段，则显然与现代设计风格不符。同样，对具有传统风格的家具设计而言，主要是应用特殊装饰工艺如前面所提到的艺术装饰手法，有节制地对家具的某些部位进行装饰，并应选择相应的装饰题材，体现出某种风格和特色，如图4-79所示。

（3）个性化与特色的原则

对于艺术家具而言，家具装饰在很大程度上是为了体现家具的个性和特色，对于家具产品而言，家具装饰更多的是为了提高家具产品的附加值。不论属于哪种情况，都要求装饰具有个性和特色，否则，装饰的目的很难达到，如图4-80所示。

（4）工艺性原则

家具装饰设计最终要通过相应的生产技术来完成，因此，装饰设计要考虑实施的工艺技术问题。如薄木贴面装饰，如设计的贴面图案太复杂，则势必影响操作的工艺性，有时甚至会达不到要求的效果。

（5）经济性原则

家具有不同的档次之分，高档次的家具其装饰手法的工艺性要求更高，所用的材料也可能较珍贵。

值得说明的是：家具装饰设计没有固定不变的原则，一切依设计者的要求和作品、产品的要求而定。

4.4.3　家具装饰设计方法

（1）先整体设计后装饰设计

家具设计的核心是家具产品本身，因此，不能为了"装饰"而装饰。具体的方法是先进行家具整体设计，再按照家具产品本身的特点规划装饰设计。例如，板式家具类型的衣柜的贴面装饰设计，先应确定好衣柜的外观形状，如宽深高尺寸，侧板是否外露，整体构图呈水平还是呈垂直状等等；再选择贴薄木的方向，即薄木纹理的方向，如果整体构图是水平的，可能以水平纹理为主，但当高度尺寸太大时，为了改变家具的视觉效果，也可能选择水平纹理方向，如果整体构图中均以水平线为主，也可能选择木纹的方向为水平方向。再确定薄木的种类，主要是确定薄木的颜色和纹理。颜色和纹理均与薄木木材的种类有关。当家具部件尺寸较大时，可以选择纹理较稀疏的薄木，反之，应选择纹理较致密的树种，如果整体构图较简洁的，可以选择纹理较复杂的薄木，如果整体构图较烦琐，则应选择纹理较简单的树种。最后决定具体的粘贴方法，是拼图粘贴还是直接做普通粘贴。

图4-81　雕刻图样的大样图

（2）先整体后局部

先规划家具的整体装饰设计，再细化到家具局部。如对一件具有传统风格的椅类家具进行装饰设计，应先确定采用何种装饰类型，是雕刻还是镶嵌，还是几种手段并用；再规划这些装饰手段用在家具的何部位，是用在靠背、椅腿还是其他部位，最后对装饰内容加以设计，如确定雕刻的图案、花纹等。

（3）基材类型决定装饰手段

采用什么装饰手段一般与家具基材有关，即家具基材适合哪些装饰手段。几乎所有的材料都能在表面进行粘贴，所有木材品种、人造板品种都能进行铣削、雕刻加工，金属、塑料材料一般都能进行电镀处理。

（4）装饰设计的描述与表现

表述装饰设计可以用文字，也可以用设计图。如涂饰装饰，设计者只需在产品设计图纸上注明涂料的名称、种类、代号和涂饰方法即可，这些信息已经包含了涂料的颜色等各种内容；贴面装饰一般在图纸上注明贴面材料的种类，为准确起见，还常常在图纸上粘贴标准样板以便对照；雕刻装饰常借助于图纸表达，有时还要设计出雕刻纹样的"大样图"，如图4-81所示。

4.5 系列家具的形态构成特点

家具和其他工业产品一样，可以以单件的形式存在，也可以以系列的形式出现。所谓家具系列，是指许多相互关联的家具产品（作品）的总称。

从功能的角度出发，可以构成系列。即包括所有家具功能类型的一系列家具的总称。如企业开发的民用家具系列，包括客厅、卧室、餐厅、厨房、儿童房、书房等所有家具类型在内，构成家具的功能系列。

从造型风格出发，可以构成系列。具有相同或者相似的造型特点、装饰格调等的一系列家具的总称。

从不同的消费对象、消费场所出发，可以构成系列。如人们通常所说的"高档系列"、"中产系列"、"宾馆系列"、"卧室系列"等。

总之，以一个造型要素为"基本元素"或"联系纽带"，都可以构成一个家具产品系列，这个要素或纽带没有任何规定它应该是什么，完全由家具生产企业或者设计师自行决定。下面就常见的几个系列并就它们的形态构成特点加以说明。

4.5.1 功能系列家具

以功能为"联系"要素的家具系列。如套装家具等。它们的造型特点如下：

——家具整体形态以功能形态为主，由各种不同的功能构成家具体系；如卧室家具系列由床、床头柜、梳妆台、梳妆凳、衣柜、床前小桌、写字台等家具品种构成，民用家具系列由各种可能的居室类型的家具构成等等，如图4-82所示。

图4-82 各种不同功能构成的家具体系

——每一个功能系列应有相同的或相似的造型要素，以便在视觉上构成一个系列；可以是造型的形态要素，也可以是色彩要素、材料要素、装饰要素等等。

——设计的原动力是挖掘各种可能的功能，并力图实现它。

——相同的功能由各种不同的形态要素实现，以获得造型上的创新。

——重视具有组合功能的家具形态设计。

——重视设计的标准化，尽量采用通用部件。例如，在一个功能系列中有多个床，而床身的造型包括床梃、床身等都是一样，只在床头板部位变化，如图4-83所示。

4.5.2 造型系列家具

以相同或相似的造型要素作为"联系"的纽带，逐渐扩展出的家具系列。它们的造型特点如下。

图4-83 功能系列家具

——具有相同的形态特征。如均是立方体，只是其尺寸的变化而已，或高或矮，或宽或窄，或按比例放大缩小。有时外部形态完全相同，采用不同的装饰特征将一系列家具联系在一起。如图4-84所示。

——具有相同的装饰特征。尽管形态特征有区别，但在系列的每一件家具上都使用一种或几种相同的装饰要素。

——家具整体款式风格一致。

——造型系列的家具设计可以由一个或少数几个产品作为造型"原型"，再结合功能要素逐渐扩展成品种多样的家具产品系列。

4.5.3 技术系列家具

由材料、结构、工艺等基本技术要素为"联系"特征的家具产品系列的造型特点如下。

——以相同的材料尤其是特种材料为多种家具相互的共同点，根据材料的造型性能来决定家具的功能、形态、结构、装饰。如特种装饰织物、特种复合材料等。

——以某种特殊的工艺为依据开发的一系列家具。如以人造板模压工艺为基础，开发出一系列模压的家具零部件，再以此为基本构成零件，设计出各种不同功能、形态的家具。因为模压件的形态特征比较特殊，这样的家具其"系列感"很强。

——巧妙地利用家具结构，使一些互不关联的家具组合在一起。如办公屏风类家具，利用屏风的立柱这个主要的结构件，将一些形态各异的家具组合在一起成为一个系列，如图4-85。

图4-84 造型特征一致形成一个家具系列（左图）

图4-85 立柱结构构成的办公家具系列（右图）

5 家具造型形态的形式美原则

研究表明：各种不同的设计思想、设计风格总是以不同的审美标准表现出来的；对设计的认识、批评所得到的各种不同的观点也是依据于不同的审美标准。这样一来，有意识地寻求设计中的美就成为了设计师不可回避的事情。

5.1 寻求家具造型中的形式美

有理智地寻求美，首先必须知道什么是美。这是美学研究的范畴。

一种美学理论认为：美是形式上的特殊关系所造成的基本效果，诸如高度、宽度、大小、色彩之类的事情。美寓于形式本身或其直觉之中，或者是由它们所激发的。美的感受是一种直接被形式所造成的情绪，与它的涵义和其他外来的概念无关。这种美学思想片面地强调形式的作用，将形式视为审美的目的，从而导致了"形式主义"（如强调设计中的比例、图式等）的设计思想。

另一种美学理论认为：首先要看一件作品的美所要表现的是什么，而正是由于这种表现十分得体，因此形式才是美的。例如黑格尔认为，以最完美的形式来表达最高尚的思想那是最美的。这种美学思想把形式置于审美目的之后，认为形式是为审美目的服务的，从而在根本上改变了形式的地位。最后的结果就是人们熟知的"表现主义"等各种流派。

这两种思想都把他们的着重点放在自己的艺术创作上。科学心理学（研究人的大脑和神经系统怎样实际工作的一门科学）的创立把美的感受变成了一个心理学的问题，从专门研究人的心理反应出发，而不是去研究艺术对象。由于心理学的种类很多，因此关于艺术的心理学种类自然也有许多。自从心理学分裂成实验和生理心理学、分析心理学两大营垒后，心理美学也随之分裂。

心理美学的两大营垒之间有两种最重要的心理学理论。一种是尹夫隆（Einfühlung）理论。他认为：当观者觉得他本身仿佛就生活在作品生命之中的时候，这一艺术作品则是有感染力的，美是人们本身在一个事物里觉得愉快的结果。对于设计来讲，可以据此引申认为：美是由观者对设计作品所起的现实作用的体验而得来的，如简朴、安适、优雅等，可以说愉快寓于设计作品强烈感人的风采之中，宁静寓于修长的水平线中，明朗寓于轻快的率真之中。另一种心理学理论是格式塔（Gestalt）理论，它建立在格式塔一般心理学基础之上。他认为：每一个自觉的经验或知觉都是一个复杂的偶发事件，因此，美的感受并不是简单、孤立的情绪，它能从其他所有的情绪里被抽象出来，并做独立研究。换句话说，它是一种感觉、联想、回忆、冲动和知觉等等的群集，回荡于整个的存在之中，抽掉任何一个要素，都会破坏这个整体。艺术作品美感上的威力，就在于这个不同反应的巨大集合体，美来自许多水平面上紧张状态的缓和。对于设计来讲，可以引申认为：要在设计作品中找到可以引起联想的部位。

设计的美有许多对设计师具有特殊吸引力的特殊因素。家具的美也是如此。如果人们还认为家具设计是一种艺术形式的话，可以认为家具艺术是视觉艺术之一。所有的视觉艺术作品都建立在一个视点和仅在一个瞬间感觉的基础上的，这已经成为美学家的惯例。这种惯例在审视家具作品时，时间因素变得更加重要了。公认的好的设计作品常常是一个艺术整体，观者所体验的每个相关事物，都是这个作品所发生的大量艺术体验中的一部分，它的美感对人来说，是逐渐增长着的。整体空间构成、构成的序列、色彩、明暗变化、比例、尺度、休止、对比、高潮等都是按照设计师的意愿被纳入设计秩序之中的，只有接近它并绕它漫步，它的和谐的魅力和优雅的恬静才逐渐变得明朗起来。也就是说，对一件家具的审视，尽管瞬间的感受很重要，但并不是所有的感觉都是在一瞬间都能完全得到的，有的可能需要较长的时间。这就是通常所说的"第一感觉、第一印象"和"经久耐看"的关系问题。第一感觉的作用不能忽视，但也应注意作品应经得起"推敲"。

家具美学的另一特殊性质出现在"透视变形"问题上。当从不同的视点去看家具时，同样的尺寸在效果上似乎发生了变化的时候，观者常常能为变化做出"本能的矫正"，例如，对称的形体，从不同角度去看它，它的对称性会依然存在。可是，当家具太复杂的时候，而且所见到的尺寸有被透视改变的倾向时，人们的眼睛就有可能被搞迷糊，人们的想象力不足以形成所需要的矫正值。例如：家具中的台面的斜边、圆弧边、家具的帽头等部位。

家具是一个三维空间实体，因此，设计师发挥直觉的透视想象力是非常重要的。家具不是用图面或者相片就能表达完整到位的。设计师必须反复从不同的侧面、不同的角度去对它进行观察，尤其是突出的翼部或中间突起、厚度不等的边部或端部等部位，只要是敏感的设计师都会考虑它们，他会本能地去想象平面和立面的效果，他会用一系列小型透视草图去核对他的想象。这也就是我们强调家具设计师应该具有快速设计表现能力和善于做模型的原因。

从上面的叙述中可以看出：不管采纳什么样的设计美学理论，所有的全方位观察都是十分必要的，它们是家具作品真正本性中所固有的特性。也正是由于这样，我们才能够以清醒的头脑，以揭示家具的属性为目的，去审视那些我们认为是经典的家具设计作品。由此可以得出一套虽然说不上是设计的法则或者什么规律，但可以说是一系列在许多情况下都能够应用的一般原则。这样，就能发现许多对于家具的美来说显然是不可缺少的基本属性。这些属性就是我们将要论述的：比例、尺度、统一、变化、对称、均衡、韵律、节奏等。

5.2 统一、协调与对比

任何艺术上的感受都必须具有统一性，这早已成为一个公认的艺术评论原则。

一件艺术作品的重大价值，不仅在很大程度上依靠不同要素的数量，而且还有赖于艺术家把它们安排得统一。换句话说，伟大的艺术，是把繁杂的多样变成最高度的统一。

在家具设计中，我们为家具造型的单调而担心得较少。因为家具实际的功能需要，会自发地形成家具造型多样化的局面，即家具造型中复杂的功能形态。当要把家具设计成满足复杂的使用要求时，家具本身的复杂性势必会被演绎成形式的多元化，即使是使用要求很简单的家具，也可能需要一大堆的形态构成要素。

从变化和多样性中求统一，在统一中又包含多样性，力求统一与变化的完美结合，力求表现形式丰富多彩而又和谐统一，是家具设计的基本原则。

5.2.1 家具简单几何形状的统一与协调

家具造型设计中最主要、最简单的一类统一是简单几何形状的统一。

任何简单的、容易认识的几何形状，都具有必然的统一感。

对柜体空间的水平与垂直分割，造就了柜类家具以矩形为主体的表面印象，尽管这些矩形比例不一，错落有致，但仍然具有高度的统一感，如图5-1所示。

图5-2所示是一款以圆形单体构成的家具，1/4圆、1/2圆、圆等构成了一个序列，这个序列的统一感也清晰可见。

图5-1 柜类家具表面图形的统一　　　　　　　　　　图5-2 以圆形为主体的家具套装的统一感

图5-3 同样形状的沙发单体所构成的沙发组合

图 5-4 类似形状的单体构成的组合

图 5-3 所示是具有同样形状的沙发单体所构成的组合。

图 5-4 所示是具有类似形状的办公家具单体所构成的集团式办公组合家具。

5.2.2 家具造型元素的协调

在实际的家具设计工作中会发现：许多家具很难以上述那种"简单的几何形状的统一"来实现。在这种情况下，可以采用几种不同的设计手法来尽可能的实现统一。

（1）强调次要部位对主要部位的从属关系来达到整体的"统一"

尽管家具局部与局部之间、单体与单体之间存在某些差异，但通过强调主体的方法，可以使这些有差异的部分达到协调：即使不统一也是被容许的和可以被接受的。

床身通常是床组合的主体、主要部位，而床头柜则"沦"为从属和次要，只要床头板高出于床头柜成为"中心"，床头柜与床头板之间在形状上的差异性是可以被接受的。如图 5-5 所示。

类似这样的设计如酒柜的设计、装饰柜的设计等，如图 5-6 所示。

图 5-5 床的设计-床头与床头柜不一定在形式上相同

被确立为主要部位的地方就是我们通常所说的"重点"。任何设计作品，为了突出主题和强调某一方面，常常选择其中的某一部分，运用一定的表现形式进行较深入细致的艺术加工，借以增强整个作品的感染力。

图 5-6　装饰柜的设计

图 5-7　色彩可以成为统一的因素　　图 5-8　材料可以成为统一的因素　　图 5-9　装饰可以成为统一的因素

　　家具设计的重点处理主要表现在对功能、体量、视觉等方面的主体、主要表面、主要构件等进行重点处理。家具的主要功能部件一般是家具的重点。如支撑类家具的"腿脚",家具中与人体经常发生接触的部位等。家具的视觉主要部位一般也是家具的重点。如椅子的靠背和座面,桌子的桌面及其侧边,柜体的正面,床的床头板等。家具形体的关键部位一般也是家具的重点。这些部位常常是塑造家具风格的主要位置。如柜体的顶部、脚架,椅子靠背的顶端和椅脚,柜门上的拉手等。

　　(2) 求得家具形状整体"表情"的协调

　　通常所说的一套家具或一个系列家具,它们必然应具有某种统一的性质。这种统一大多数是建立在相同的或相似的造型元素的基础之上。

　　一种艺术风格、一种形状、一种装饰元素(如装饰题材、装饰图案等)、一种材料(材料的色彩、材料的质感等)、一种结构形式、一些相同的配件或功能单体、一种色彩或色彩搭配方式等造型元素,都可能成为统一的"纽带"。图 5-7 所示是由于色彩所带来的统一;图 5-8 所示是由于采用了相同的材料而产生的统一;图 5-9 所示是由于装饰(线脚、图案)所造成的统一。

图 5-10 a　艺术风格的对比　　　　　图 5-10 b　形体的对比

图 5-10 c　体量的对比　　　图 5-10 d　方向的对比　　　图 5-10 e　线条的对比

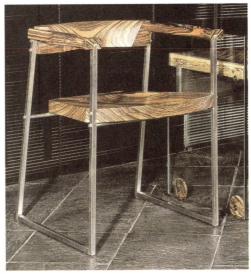

图 5-10 f　色彩的对比　　　　　　　图 5-10 g　质感的对比

图 5-10 h　虚实的对比

5.2.3 统一中求变化

统一中求变化就是在统一的基础上、在不破坏整体感觉的前提下力求表现效果的丰富多彩，以避免由于统一造成的单调、贫乏、呆板。

变化即指冲突、对比。因此，变化有时可以取得比统一更强的视觉冲击力。

对比是求得变化的重要手段。对比就是把造型要素中的某一要素如线、色等按显著的差异程度组织在一起加以对照。它强调同一要素中的不同，在这种差异中达到相互衬托、表现各自的个性和特点。

家具造型设计中，最常见的对比要素是造型风格、造型形态和材料的运用，具体的说有下列这些：

艺术风格的对比——中西结合、传统与现代的结合……

形体的对比——大与小、方与圆、高与低、宽与窄……

体量的对比——大与小、轻与重、稳定与轻巧……

方向的对比——水平与垂直、平直与倾斜……

线条的对比——长与短、曲与直、粗与细、水平与垂直……

色彩的对比——深与浅、明与暗、强与弱、冷与暖……

质感的对比——硬与软、粗糙与细腻……

虚实的对比——开敞与密闭、透明与不透明……

如图5-10所示。

这里需要强调的是：对于任何造型形态而言，统一是绝对的，变化是相对的。也就是说，离开了统一的变化将会是杂乱无章、一塌糊涂。因此，对变化手段的运用决不能是简单直接的，而应该具有某种技巧，这种技巧就是我们所说的调和。调和是通过缩小差异程度的手法，把对比的各部分有机地组织在一起，使整体和谐一致。

达到调和的手法就是在不同中寻找相同的因素，如色彩虽然有深有浅，但可以在色调上求得一致；形体虽然不同，但可以求得体量的相同；外形特征虽然不同，但可以在装饰形式上相同，等等。如图5-11所示。

图5-11 设计中的调和处理

5.3 对称与均衡

由对称和均衡所造成的审美上的满足，与人"浏览"整个物体时的动作特点有关：当人们看一个物体时，眼睛从一边向另一边看去，觉得左右两半具有吸引力是一样的，人的注意力就会像钟摆一样来回游荡，最后停留在两端中间的一点上。如果把这个"中点"有力地加以标定，以致使眼睛能满意地在它上面停留下来，这就在观者的心目中产生了一种健康而平衡的瞬间。

5.3.1 对 称

如果可以在一个形体的中部标定一条假设的"中轴线"，这根轴线两边的形体是完全一样的，就称这个形体以中轴线对称，这根中轴线就称为对称轴。由此可以看出，对称形体存在的条件有三：一是有"对称轴"存在；二是对称轴两边的形体一致；三是要标定出"对称轴"。

家具的立面效果越是复杂，在这个立面上强调对称的因素越是重要。强调对称的技巧最后落在如何设定对称中心上——如何巧妙地标定出这根能避免视线的紊乱和游荡的中心线。

有些家具形体的对称轴可能会反映在某一具有"线"的特征的构件上，如图 5-12 a 所示。但不是所有的家具都是如此，如图 5-12 b 所示，这件家具的对称轴存在于家具的中间部位的单体中，它在视觉上是不固定的，局部强调可以形成视觉上对称轴。如图 5-12 c 所示，在柜体中间单元的顶部加以特殊装饰。

图 5-12 a 对称轴为形式要素
图 5-12 b 对称轴为家具单体
图 5-12 c 对称轴为局部强调

标定对称轴的方法也是值得斟酌的，我们不可能真正的在对称轴上"画"出一条线来。如果家具形体中的对称轴两边有线构件存在的话，对这根"轴线"加以特殊的与其他线构件不同的装饰是很好的方法。如图 5-13 所示，在家具立面图的轴线位置的上、下端分别设置一些特殊的装饰要素，用呼应的方法在此位置使观赏者的视觉产生一条"虚拟"的中轴线。如图 5-14 所示，还有一种常用的技巧就是让对称轴所处的单体与其他两边的单体在深度方向上产生一些层次感，如将这个单体有意识地凸出于两边的单体或凹

图 5-13　对"轴线"加以装饰　　　　　　　　　图 5-14　设计虚拟的"轴线"

进于两边的单体。当中心凸出时，应注意不要突出得过分，以免破坏了突出部位和后退之间的连续感；与此相反，如果把有意义的中心放在后退的要素上，并赋予中心的意义，这种强调可能更为有力。

5.3.2　均　衡

形体对称的构图给人一种规整、洁净、稳定而有秩序的感觉，但同时又可能带来呆板、迂腐的感受。为打破这种可能的单调感，我们常常采用均衡的构图手法。

所谓均衡，就是指在严格的形体辨认中不对称而视觉上可以认为是对称的一种构图手法。根据这个定义，可以认为对称是一种最简单、最基本的、规则的均衡，同样也可以认为，均衡是一种比对称更为复杂的对称，是一种不规则的均衡。与对称相似，我们的视线总可以在一组不规则对称的构图中"找"到视觉平衡的位置，这个位置就称为"均衡中心"。

家具设计中，由于功能的因素经常造成家具构图的不对称。更为重要的是："不对称"几乎成了人们当今家具审美评价的一个"准则"。熟悉家具设计史的设计师一定知道，文艺复兴时期及以前的家具形式经常以对称的形式出现，但到了20世纪中叶，设计师自发地倾向于不对称结构，除非一些与纪念、庄严、严谨等要求有关的设计。

"当均衡中心的每一边在形式上虽不相同，但在美学意义上却有某种等同之时，不规则的均衡就出现了"。在不规则的均衡中，要比对称的构图更需要强调均衡中心。否则，将会招致整体构图的散漫和混乱。因此，"强调均衡中心"成为不规则均衡设计的首要原则。不规则均衡的第二个原则称为杠杆平衡原理。物理学中杠杆平衡的原理是动力×动力臂＝阻力×阻力臂。家具构图中，如果假想的均衡中心存在的话，均衡中心两边的家具形体的"体量感"则分别可以看成是这个杠杆中的动力和阻力，而两边重心的位置离均衡中心的距离则分别可以看成是动力臂和阻力臂。在这个原理上再加以拓展，可以认为：一个远离均衡中心、意义上较为次要的小物体，可以用靠近均衡中心、意义上较为重要的大物体来加以平衡。

这里就需要讨论体量、体量感的问题。所谓体量，是指形体在人们的视觉心理中所具有的类似于物体的重量，关于这种重量的感觉就称为"体量感"。一个家具形体的"体量感"与这个形体的大小、虚实、色彩、质感以及本身所具有的重量的性质有关。形体体积越大，体量越大；实体比虚体的体量大；色彩沉着的形体比色彩淡雅的形体的体量

图 5-15　家具的体量感

图 5-16　家具的均衡中心

大；质感粗糙的比质感细腻的体量大，如图 5-15 所示。

家具是一个具有三维空间的形体，单从家具的某一立面出发来确定家具的均衡是不够的。这时，对家具的各个立面进行综合设计就变得非常重要，有时要结合模型才能正确地确立均衡中心。

当确立好均衡中心后，对均衡中心的标定又成为设计的重点。一组家具的均衡中心有时是不确定的，即有时是以"线"要素反映出来，有时却是以"面"要素甚至是"体"要素反映出来，当出现后两种情况时，我们认为均衡中心是不确定的。这时要对其进行标定。标定的方法与标定对称中心的方法基本相同，即对此部位进行重点处理，以吸引人们的注意力，如图 5-16 所示。

最后值得说明的是：从系统设计的观点出发，对于家具的对称和均衡的设计应该考虑到与家具相关的其他因素，如与家具相关的陈设和与家具的功能有关的因素。例如，电视机柜的设计，当以组合柜的形式出现时，就应该考虑电视机摆放的具体位置以及电视机所具有的体量，并以此为依据确立最后的均衡或对称构图。否则，电视柜被使用时和未被使用时的构图将会有天壤之别，用户购买时对它的印象和使用时的现时印象将会判若两样。这将是一种对用户不负责任的态度。因此，现在家具的展览会上，大部分厂家都对他们推出的家具配以常规陈设，以此来完善或更准确地反映设计效果。

总之，对称和均衡可以称为家具设计在艺术方面的基石，它赋予外观以魅力和统一，它促成安定，防止不安和混乱，既是世界性伟大设计得到完美构图的基础，又具有超越人类一般活动之上的神奇威力。在功能方面它是基础，在纯美学方面，它也是基础。

5.4 尺度与比例

只要是可视的形体,它就有尺度的概念。尺度是一种能使物体呈现出恰当的或预期的某种尺寸的特性。家具的尺度是指家具造型设计时,根据人体尺度、使用要求和某些特定的意义要求赋予家具的尺寸和对于尺寸的感觉。物体的尺度除了可以用具体的尺寸来描述外,还可以用人们对这种尺寸的感觉和印象来描述。尺寸有绝对大小,也有相对大小,尺寸大小给人的感觉是通过比较才得出来的。这种物体的尺寸给观赏者的感觉和印象就是物体的尺度感。

比例是建立在尺寸或尺度之上的各种尺寸或尺度之间的对比关系。一个形体往往不只具有一种尺寸,例如家具就具有长、宽、高三维方向的"规格尺寸",还有构件、零部件的尺寸,这些尺寸共存于同一个家具形体中,就不可避免地形成对照和比较,于是就有了比例的概念。家具的比例是指家具中所有尺寸之间的比率关系。艺术学原理和美学原理告诉人们:当尺寸之间的比率关系符合一些特定的规律时,这种比率关系能给人一种美感,因此,这种比率关系就是设计时所追求的比例。

几乎所有的人都一致承认尺度、比例在家具造型艺术中的重要性。

5.4.1 家具的尺度体系

和比例密切相关的另一个造型特性就是尺度。

在造型学中,尺度这一特性能使形体呈现出恰当的或预期的某种尺寸。

纯几何形状只是一种形态特征,本身并没有尺寸的概念,也就无所谓尺度。一个四棱锥,可以是小跳棋的棋子,也可以是埃及金字塔;一个球形,可以是细胞、网球,也可以是地球、太阳。

(1) 体现尺度特性的几种方法

要让一个形体具有尺度,或者说要让形体体现尺度的特性,就必须采取一些方法,这个方法的核心就是引入一个在人们的心目中有某种固定感觉的一个与尺寸有关的因素,用它来和这个形体形成"比较","比较"的结果就是尺度和尺度感。通常采用的方法有如下几种:

引入一个尺寸单位 这个引入单位的作用,就好像是一个可见的标杆,它的尺寸人们可以简单、自然和本能地判断出来。在32mm系列板式家具中,系统孔位就好像是这样一种尺寸单位,如图5-17所示。

与人的活动和身体的功能最紧密、最直接接触的部件尺度 是建立形体尺度的最有

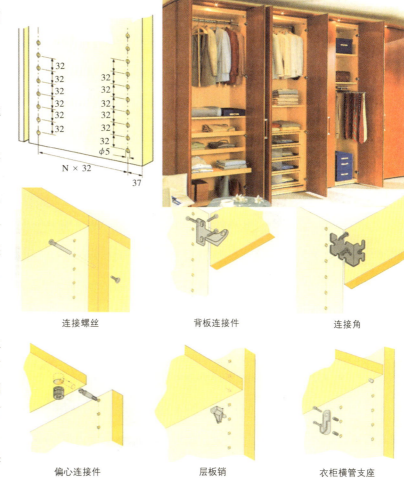

图5-17 引入尺寸单位来强调家具的尺度感

力的部件。在这里，人的身体变成最直接最有力的尺度了。用人体的尺度来衡量家具的尺度是家具设计中最常用的手法，如图 5-18 所示。

人们最熟悉的尺寸　作为一种度量来比照出形体的尺度。书柜中人们对放置书的每一格的间隔尺寸是比较熟悉的，它可以成为一种度量来比照整个书柜的尺度，如图5-19所示。

(2) 几种需要注意的尺度

家具中的尺度虽然是家具造型的一种特性，但这种特性应该是与家具的功能和意义密切相关的。也就是说，我们不能为了造型的尺度感而盲目地设计家具的尺度感。在设计家具时，有几种尺度是需要特别注意的。

与人有关的家具尺度　家具是给人用的，家具的尺度与人发生直接联系，不适合人体的尺度的家具无论如何都不是好的家具设计。椅子是给人来坐的，床是用来睡的。这些与人体有关的尺度不是可以随心所欲地"设计"的，如图 5-20 所示。

与物有关的家具尺度　家具与物发生关系，书柜是用来放书的，电视柜是用来放置电视机的，酒柜是用来展示或放酒的。这些物品除了对家具的尺度有直接要求外，同时也比照出家具的尺度是否合理，如图 5-21 所示。

与空间有关的家具尺度　家具存在于特定的空间中，家具的尺度设计受这个空间的尺度的影响很大。例如，中国北京人民大会堂的演讲台的尺度肯定要比一般教室的讲台的尺度大；一般公寓式住宅中的家具尺度往往是一般平常的尺度，而对于特大户型的别

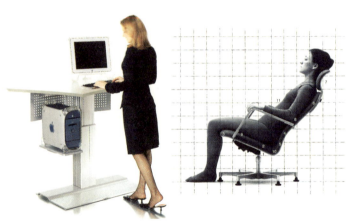

图 5-18　引入人体的尺度来强调家具的尺度感

图 5-19　引入常见物品的尺度来强调家具的尺度感

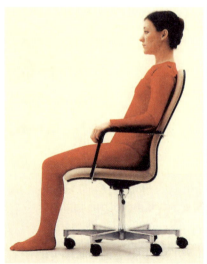

图5-20　与人有关的家具尺度

图5-21 与物有关的家具尺度

图5-22 与空间有关的家具尺度

墅中的家具设计来讲，它的尺度一般都比较大，以适应大空间的尺度感，如图5-22所示。

象征性的家具尺度 出于家具审美意义的考虑而表现的家具尺度。和"正常"尺度的比较，我们发现这些尺度或大或小，分别称之为"宏伟的尺度"和"亲切的尺度"。中国古代皇宫的"龙椅"的尺度很大，其意义是象征君主地位的至高无上，如图5-23所示。

5.4.2 家具中的比例

家具形体是各种家具造型形态要素的集合，其中点、线、面、体等形态要素是主要的构成因素。将这些形态要素集成在一个形体内，需要有对这些要素的感性认识，更需要有对这些要素的理性认识，这是形成家具理性美的必要条件。

图5-23 象征性的家具尺度

图5-24 家具的整体比例关系（左图）

图5-25 家具局部与整体的比例关系（右图）

图5-26 组合家具中单体之间比例关系

图5-27 家具单体与其零部件的比例关系

（1）家具造型的比例

家具造型中存在各种比例因素，其中最主要的有如下几种。

家具整体的比例 如家具宽、深、高三维方向的规格尺寸所形成的比例关系，如图5-24所示。

局部与整体的比例 如家具单体与家具整体间的比例关系。家具表面的划分与家具整体的比例关系等，如图5-25所示。

家具单体间的尺寸和比例 组合家具常常是由多个单体构成的，构成这件家具的单体之间的比例。如家具可能是由高、低不同的单体构成的，高形单体的高与矮形单体的高的比例关系就属于此种，如图5-26所示。

零部件与单体的比例 家具单体是由零部件组成的，零部件的尺寸与单体尺寸之间存在一定的比例关系。如带框的柜门的框架宽度与柜体宽度之间的比例关系，椅腿尺寸与椅身尺寸之间的比例关系，办公桌桌面的厚度与办公桌高度和桌面尺寸之间的比例关系等都属于此类，如图5-27所示。

家具零部件与零部件之间的比例 如水平板件的厚度尺寸与垂直板件的厚度尺寸之间的关系，实木家具中各构件的断面尺寸的比例，拉手大小与柜门尺寸的比例等，如图5-28所示。

（2）影响家具造型比例的因素

家具造型中的比例关系不是随心所欲确定的，影响家具比例关系的因素很多，其中最基本的因素有如下几个。

家具的功能　家具的功能是决定家具比例的最重要的因素。家具的功能在决定家具尺度的同时，也决定了家具中的各种比例关系。如床面的尺寸及其比例等。橱柜类家具设计时，需要储存的物品的尺寸在决定了家具尺度时，也决定了柜体空间划分的比例关系。再者，家具的比例关系与数千年来人们对家具的认识有关，各种不同功能的家具在人们的心目中形成了一种"约定俗成"的比例关系，这些比例关系自然便演化成为一种美的比例，如图5-29所示。

家具材料　不同材料制成的家具产品，其中的比例关系也各有不同。由于材料物理力学性能的差异，当具有相同功能的产品构件使用不同的材料来制作时，势必带来比例关系的变化。例如，同样是用作桌腿，如果用木材来制作，桌子的造型会比较厚重，而用金属材料制作时，它的造型会相对轻巧，如图5-30所示。

家具结构与工艺　家具结构、生产工艺因素会造成家具构件尺寸的不同结果，进而影响家具的比例关系。例如，对于实木家具而言，如果采用木材构件间的直接接合如榫接合，则相互连接的构件的尺寸可能会比较大，而采用特殊连接件接合时，则构件的尺

图5-28　家具零部件与零部件的比例关系

图5-29　家具的功能决定家具的比例　　　　　　　　图5-30　家具的材料决定家具的比例

寸可能会相对较小，因而影响构件与构件、构件与整体间的比例关系，如图 5-31 所示。

特殊的审美原则 在中外家具发展史上，人们经常看见这样一种现象：由于某种社会思想意识或宗教意识的影响，人们把这些思想观念融贯于家具造型中，采用艺术夸张手法，赋予家具一种特定的比例关系，如图 5-32 所示。

家具的尺寸和空间位置 由于家具的尺寸和空间位置的不同，人们对它进行观察时，可能会产生一些视觉"误差"即透视变形的情况，这时要对原有的比例关系做一些适当的"修正"，如图 5-33 所示。

图 5-31 家具的结构、生产工艺对家具比例的影响

(3) 家具造型常用的比例法则

自然界中的一些自然形态如树木、花草以及人造世界中的一些人为形态如建筑之中都存在着许多比例关系，由于这些比例关系为人们所熟悉继而为人们所接受并认为具有好的美感，这些比例为造型设计积累了丰富的经验。人们在此基础上也总结出了一些关于比例的运用法则。在家具造型中常用的比例法则有下列几种。

数学比例法则 当两个比相等时，比例一词在算术上的定义便成立了。在 A∶B=C∶D 中，A∶B 和 C∶D 称为比。

这是一种通用的比例关系。在家具造型设计中的应用关键就是要确定 A、B、C、D 分别代表什么。一般说来，家具的主要尺寸是家具的规格尺寸，它们之间存在一种比例关系，将这种比例关系"延伸"到各个局部，使局部具有与整体相似的比例关系。

几何比例法则 通过几何制图所得到的各种比例关系。对于长方形，其周边可以有不同的比例仍不失为长方形，因此没有肯定的外形，但经过人们的长期实践，摸索出了

图 5-32 特殊的审美原则赋予家具一种特定的比例关系　　图 5-33 家具的尺寸和空间位置影响家具的比例

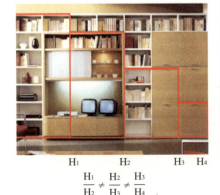 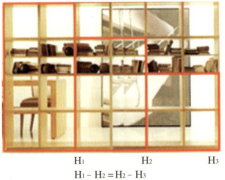 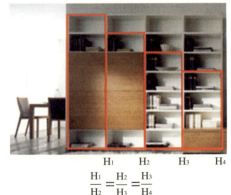

$\frac{H_1}{H_2} \neq \frac{H_2}{H_3} \neq \frac{H_3}{H_4}$　　　　$H_1 - H_2 = H_2 - H_3$　　　　$\frac{H_1}{H_2} = \frac{H_2}{H_3} = \frac{H_3}{H_4}$

图 5-34 作图法形成的比例关系

若干有美的比例的长方形,如黄金比例长方形、根号长方形如$\sqrt{2}$、$\sqrt{3}$、$\sqrt{5}$长方形等。黄金比例长方形是家具造型中非常重要的一种长方形,它经常被用作柜体的规格尺寸之间的比例、柜体空间划分、柜门表面构成等造型中。

就若干几何形状之间的组合关系而言,它们之间应该具有某种内在的联系,这种联系的方法就是它们各自的比例基本接近或相等,或者说它们具有相同或相近的比例。如通过作图的方法(使相邻的长方形的对角线相互平行或垂直)使相邻的长方形之间形成某种比例关系,如图5-34所示。

对于比例法则的运用是十分灵活的,其间所蕴涵的意义可能也十分复杂。法国建筑师威奥莱·勒·迪克对于建筑造型中比例问题的论述值得我们借鉴:"作为比例,其意思是指整体与局部之间的实际关系——这个关系是合乎逻辑的必要的;而作为一种特性,它们同时又满足理性和眼睛的要求"。

5.5 韵 律

5.5.1 韵律的概念

韵律是任何物体的诸元素成系统重复的一种属性。在艺术中,具有强烈韵律的图案能增加艺术感染力,因为每个可知元素的重复,会加深对形式和丰富性方面的认识。可知性帮助理解,而情绪上的理解又促成感染力的增强。

韵律是使任何一系列大体上并不连贯的感受获得规律化的最可靠的方法之一。例如,一些散乱的点,要想记住它,虽说不是不可能,但也是相当困难的,因为这些点所具有的效果,是混乱或单调,别无其他。如果把同样数量的点分成组,这样一来,整体的效果就是可以认识的一种重复了,这些系列马上就变得有了连贯性,我们说它已经图案化了。

韵律的类型有连续的韵律、渐变的韵律、起伏的韵律和交替的韵律等几种。连续的韵律是由一个或几个造型单位组成的、并按一定的视觉距离连续重复排列而形成的韵律,如图5-35 a所示。渐变的韵律是在连续重复排列中让其中的某一要素或要素的某一特性成规律地渐次变化,如逐渐增加或减少某一要素的大小、形式或数量等,如图5-35 b所示。所谓起伏的韵律是指韵律构成要素中的某一要素呈起伏变化,如尺寸的"大——小——大"变化等,如图5-35 c所示。交替的韵律是指多种造型元素有规律地穿插、交替出现,如图5-35 d所示。

图5-35a 连续的韵律

图5-35b 渐变的韵律

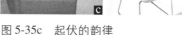
图5-35c 起伏的韵律

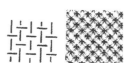

图5-35d 交替的韵律

图5-36 家具功能要素所决定的家具造型的韵律感

图5-37 家具单体、部件、零件的构成所形成的家具的韵律感

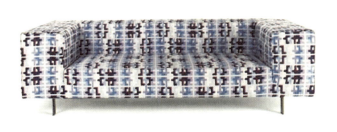

图5-38 家具形态构成形成的家具的韵律感

图5-39 图案形成的韵律

从上面的概念中可以发现：韵律的共性就是重复和变化。简单的重复构成连续的韵律，复杂的重复构成各种其它形式的韵律。变化作为一种手段使韵律的形式更加丰富。

5.5.2 家具造型中的韵律构成

在家具造型中，韵律的形式也是非常重要的。家具造型中的韵律形式有下列几种。

（1）由家具的功能要素所决定的家具造型韵律感

有时家具的功能就决定了这款家具是一些基本功能的重复，为达到此目的，家具的形态别无选择，为避免这种情况下家具形态的单调感，通常采用一些变化的手法。如一排造型相同的座椅，在形式上已经具有了韵律感，再加上不同的色彩使用，其形式立刻更加丰富生动，如图5-36所示。

（2）家具单体、部件、零件的构成所形成的韵律

组合家具中家具单体的重复使用或有规律地变化（如高低错落、由高到低等）所形成的韵律。家具单体中对部件的设计也能使家具产生韵律感，如柜类家具中相同柜门的反复使用，抽屉的连续排列等情形。家具零件的重复与连续，也能使家具造型具有强烈的韵律感等等，如图5-37所示。

（3）家具形态所构成的韵律

由家具形态要素的构成方法所形成的韵律感。如一种形状反复出现或反复被使用，从而形成一种韵律；一种装饰图案的重复或连续使用，不仅使家具具有了统一的整体感，同时也形成了家具局部或整体的韵律造型；家具的材料形态如木材的纹理、薄木贴面的拼花、藤材的编制图案等形成一种韵律，如图5-38所示。

5.5.3 家具造型设计中形成韵律的方法

家具造型设计中形成韵律的方法也多种多样，采用最多的形态要素有如下两种。

（1）图案或形状

利用图案和形状的重复与交替形成各种不同形式的韵律，如图5-39所示。其排列方式有两种：一是开放式排列，即只把类似的单元做等距离的重复或交替，没有一定的开头和结尾；二是封闭式排列，即用一个确定的标记，把开放式韵律两端封闭起来。前者的效果通常是动荡不定，含有某种不限定和骚动的感觉；后者则相对比较稳定和保守。

图5-40 线条形成的韵律

（2）线条

线条的韵律在家具造型设计中表现得很多。可以是一种直线条的长短或弯曲度做系统性的变化和排列，也可以是曲线运动的重复，如圆到椭圆的变化等。平面图案有时也具有一种纯线条的抽象性质。如家具装饰设计中的由图案装饰形成的线脚，如图5-40所示。

5.6 重点处理

任何艺术作品，为了突出主题，通常作者会选择其中的一些部分运用一定的表现形式对其进行较为深入细致的艺术加工，借以增强整个作品的艺术感染力。

家具是一种空间形象，家具形态要素组合的必然结果是形成关于这些形态要素的序列，即秩序。在这种序列中，必然有主有次有高潮，否则将会是"平铺直叙"，毫无生气可言。

5.6.1 家具造型的重点

家具形态通常是一个复杂的几何体，为了给观赏者留下深刻的印象，从而得到关于家具特征的认识，往往要对家具的一些重点部位进行重点处理。因此，确定家具的哪些部位为重点部位就非常重要。

家具造型中通常被我们"列"为重点对象的部位有下列两类：

（1）家具的主要功能界面和功能件

家具一般与使用的"人"和与家具有关的"物"发生直接关系，这些发生关系的家具表面就称为家具的功能界面。出于使用的目的，人们一般对这些界面比较"介意"，这些界面也自然地成为了设计师和使用者共同关心的"焦点"。除了关心它是否合理外，还关心它是否美观。如台桌类家具的台桌面，座椅的靠背、扶手、座面等。

图5-41　柜身不变而只改变柜门造型

图5-42　两面可用的办公桌

图5-43　家具的重点部位

图5-44 a　重点部位的对比

图5-44 b　重点部位的重点装饰

图5-44 c　重点部位的局部夸张

(2) 家具的主要视觉部位和关键部位

家具的主要视觉部位一般是家具的正面。如柜体的正立面，床类家具的床头等。这些成为家具设计的重点。许多厂家将柜体的柜身部分作为"标准件"，而对柜门进行不同的设计来拓展产品种类，如图5-41所示。当家具以不同的方式摆放时，家具的正立面可以是不定的。如办公桌靠墙放置和不靠墙放置时，它的正立面会发生变化，如图5-42所示。

家具的关键部位通常是指家具形体的关键部位。如桌椅类家具的腿脚、柜体的"帽头"等部位。家具的关键部位可以是家具的关键功能部位、关键结构部位、关键装饰部位等，如图5-43所示。

5.6.2 重点部位与处理手法

对于重点部位的处理可以采取多种不同的手法。

用对比的手法强调出重点部位的与众不同。形体的对比、色彩的对比、质感的对比、材料的对比等，如图5-44 a所示。

重点部位进行重点装饰，如图5-44 b所示。

重点部位的夸张处理，如体量的夸张、形体的夸张等，如图5-44 c所示。

5.6.3 家具造型的通常化处理

没有"一般"就没有"重点"，"重点"是在"一般"的基础上产生的。

"重点"可以是刻意的被突出，也可以是在"平淡"中产生。

规整的立方体形态是柜类家具的通常形态，台、桌类家具台、桌面的矩形也是一种通常的形状。实木家具中零件方形或圆形的截面等都可以称为通常状态。

家具表面装饰的通常化处理如常规涂饰、贴面等。

总之，家具的非功能部件、非视觉重点部位等都可以进行通常化处理。

5.7 稳定与轻巧

稳定既是一种状态，也是一种感觉。设计学的稳定状态与物理学描述的稳定状态有所区别。设计中的稳定是指物体不会发生位移、倾覆、运动的一种固定和合理的状态；关于稳定的感觉是指物体在视觉上处于一种稳定状态。物体是否稳定，主要取决于它的形状和它的重心的位置，稳定的形状是决定是否稳定的基础，例如底边在下的三角形是稳定的，而底边在上的三角形是不稳定的。重心的位置关系到物体受到一定大小的外力作用后是否倾覆。

稳定的感觉在设计中是一种共同的美感，它给人以安定、自然、和谐、力量的美。

有形物体在人们视觉中的大小和重量感称为物体的体量。体量大的物体由于人们对它的静止惯性的理解，往往会认为比较稳定，反之，体量小的物体由于它的静止惯性很容易被克服，因此人们认为它比较轻巧。设计中我们常常会对体量进行调整，即赋予一些物体较大的体量感，使物体看起来稳定。有时恰恰相反，故意减小物体的体量感，使其看起来轻巧。

处理稳定与轻巧的关系与处理统一与变化的关系相似。一味地强调稳定势必造成格局的沉闷和形态的单调。一味地强调轻巧势必造成格局的动荡、漂浮不定和形态过分的跳跃、不确定。因此，在稳定中有轻巧、轻巧中有稳定是设计的基本原则。稳定中的轻巧既能衬托出稳定的特征，又能活跃气氛；轻巧中的稳定既能衬托出轻巧的特征，又能"稳定局面"。

5.7.1 家具形态的科学稳定性

稳定是一种物理状态。关于物理学的稳定是设计的科学稳定性。

家具设计中衡量家具的科学稳定性包括两层意义：家具在自然存在状态下的稳定和使用过程中的稳定。

家具自然状态下的稳定是指在家具本身重力的作用下家具处于稳定状态的情形。一般具有下列几种特征：

稳定的形状 如正三角形、正梯形、长方形等。这类形体可以保证物体的重心较低或保证物体的重心在形体范围内，从而保证了家具的稳定性，如图 5-45 a 所示。

底部较大、上部较小的各种形状 此时其重力作用线在底部范围之内，家具发生倾覆的可能性不存在，如图 5-45 b 所示。

底部较小、但重心位置较低的形状 重力力矩不至于让物体发生倾覆，如图 5-45 c 所示。

家具使用状态下的稳定是指家具在被正常使用时，可能受到各种外力的作用，而仍然能保持正常使用状态的家具的稳定性。如柜体使用时，因为开启柜门要对柜体施加一个与柜体正面垂直的力，有可能使柜体向前倾覆；当临时要移动柜体时，通常的行为是对柜体的侧面施加一个推力，这个力有可能使柜体侧倾。当使用台桌类家具时，往往需要家具能支撑身体的一部分重量，如靠、坐在家具表面，这时家具是否仍能维持稳定状态。支撑类家具如沙发、椅子等本身就是用来支撑人体重量的，当人们使用它们时，可能会取各种不同的姿态，可能会有各种不同的使用情形，在这些情况下，家具是否仍能维持稳定状态。

保证家具在正常使用状态下仍然具有稳定性的方法就是设计时对家具的稳定性进行力学校核。

稳定性校核又分为静态稳定性校核和动态稳定性校核两种，它们分别根据不同的物理力学原理进行计算。方法是首先建立家具的静态或动态力学模型，其中包括对家具的自重、家具正常使用状态下的各种负荷和各种可能受到的外力的模拟或估算，对家具使用状态的模拟和假设；再利用静力学或动力学原理对家具的状态进行分析，最后判断家具在各种可能的使用状态下是否都能处于稳定状态。

家具的科学稳定性是一般家具所应具备的基本性能，因为它确保家具的正常使用，

图 5-45a 本身稳定的形状
图 5-45b 底部较大的形状
图 5-45c 重心较低的形状

图5-46 家具形态的视觉稳定

图5-47 对称、均衡构图塑造出家具的稳定感

否则，就认为是设计不合理。

一般说来，能达到"科学稳定"的家具在视觉上同样也是稳定的。

5.7.2 家具形态的视觉稳定性

家具形态的视觉稳定性是指"家具看上去就是稳定的"。这是人们对家具的一种基本要求。

家具形态的视觉稳定性是一个非常复杂的问题，它既有人的经验和习惯，也有人的心理作用。视觉上的稳定与家具的形式美密切相关。

按照实际使用的经验，底面积大、重心低的家具在视觉上较稳定。因此，家具设计时将家具的脚设计成向外伸展或靠近家具外轮廓边缘，底部尺寸设计得较大、上部尺寸设计得较小，将自重较大的部件和形体放在家具的下部，将自重较轻的部件和形体放在上部可以使家具获得稳定的视觉感，如图5-46所示。

特定的形态构成可以塑造出家具的稳定感，如对称、均衡的构图，如图5-47所示。

家具中的水平线（如轮廓线、表面分割线、装饰线等）是一种具有稳定视觉的线条，当水平线成为家具的主要轮廓线或视觉特征线时，家具具有较好的视觉稳定性。

图 5-48　实体在家具下部有较好的视觉稳定性　　图 5-49　深色具有稳定感

图5-50a　形态的轻巧感
图5-50b　虚实变化的轻巧感
图5-50c　比例的轻巧感
图5-50d　体量的轻巧感

图 5-51　小的零部件尺寸可以使家具轻巧　　图 5-52　合适的色彩可以使家具轻巧

家具空间构成中，大体量特别是封闭的"实体"部分具有较好的稳定性，而"虚体"则相对显得不稳定。因此，以"实体"设计为主或"实体"在家具下部的设计具有较好的视觉稳定性，如图 5-48 所示。

深颜色给人在视觉上以重量感，能调节物体的重心。整体深色、上浅下深的形体在视觉上有稳定的感觉，如图 5-49 所示。

5.7.3 轻巧的家具形态设计

所谓轻巧，是指有意的削弱物体的重量感，使物体具有比自身重量更轻的视觉感受。稳定与轻巧是一对矛盾。也就是说，在大多数时候，稳定与轻巧是相对存在的。

在家具造型中，稳定是绝对的，因为失去稳定性能的家具无论从审美的观点还是从使用的观点来看都是不允许和不合理的。因此，稳定是基础，只有在稳定基础上的轻巧才具有意义。但是，一味地强调稳定势必造成造型的单调和沉重。因此，在稳定中求得轻巧是造型设计的基本原则之一。

轻巧的家具形态设计中就是在稳定视觉的基础上赋予家具以活泼的形式。可以从形态设计、虚实构成、比例调整、体量、部件大小设计、色彩设计等多个方面着手。

与稳定的形态相比照，轻巧的形态往往重心靠近物体的上部，底部的面积相对较小，整体形态呈现出动感、不对称等运动形态，如图 5-50 a 所示。

合适的虚实对比可以使家具形态更加轻巧。一般实体的体量感大，而虚体虽然占据着同样大小的空间，但其体量感小，从而使家具形体更加轻巧，尤其是虚体较多和虚体在家具的下部时更是如此，如图 5-50 b 所示。

适当的比例可以塑造家具的轻巧感。如具有黄金比例的长方形、大比例的长方形与正方形相比，前者的轻巧感则显而易见，如图 5-50 c 所示。

一般而言，体量较大的形体较稳定，而体量较小的形体比较轻巧，如图 5-50 d 所示。

"小巧"与轻巧往往相伴相生，因此，小的零部件尺寸可以使家具更加轻巧。在家具设计中，使用端（截）面积较小的零部件尺寸来塑造家具的轻巧感是常用的手法。如用金属件替代木质构件可以使构件的截面积变小；对木质构件的端面进行特殊"处理"可以使截面积"看起来"更小，从而使家具轻巧，如图 5-51 所示。

淡雅和轻快的色彩可以使家具形体更加轻巧，如图 5-52 所示。

5.8　仿生与模拟

仿生与模拟是人类活动的基本形式之一。通过仿生与模拟的原理，人们制造出了飞机、潜水艇，飞机既模仿了鸟与鸟翅的形状，又仿照了鸟翅与鸟身存在一定的倾斜角度因而在飞行过程中具有提升力的原理；潜水艇既模仿了鱼类的流线形形体，又仿照了鱼类中得以使其沉浮的鱼鳔的原理。

仿生与模拟这一设计手法的共同之点在于模仿，仿生的思想是模仿某种自然物的合理存在的原理，用以改进产品的使用性能、结构性能，同时也丰富产品的造型形象；模拟的思想主要是模仿某种事物的形象或暗示某种思想感情。

仿生与模拟也是家具设计的重要手法之一。借助生活中常见的某种形体、形象或仿照生物的某些原理、特征，进行创造性的构思，设计出神似某种形体或符合某种生物学原理的家具。

仿生与模拟的原理从另外一种角度给设计者以提示和启发,根据此原理设计出来的家具具有独特的生动形象和鲜明的个性特征。消费者在欣赏或使用根据仿生与模拟原理设计出来的家具产品时,容易产生对某种事物的联想,从而引发出一些特殊的情感与趣味。

5.8.1 仿生学在家具设计中的运用

自然界的一切生命在漫长的进化过程中,逐渐具有了适应它们所处的生态环境的本领。这种特性为人类所揭示,人类开始研究这些特性并为人类所用,这种以模仿生物系统的原理来建造技术系统,或者使人造技术系统具有类似于生物系统特征的学科,就是仿生学。

仿生学是一门边缘学科,它是生物学和工程技术科学相互渗透、彼此结合的学科。从生物学的角度看,仿生学是应用生物学的分支,因为它把生物学的原理应用于工程技术。从工程技术的角度来看,仿生学为设计和建造新的技术设备提供了新原理、新方法和新途径。仿生学是生物学和工程技术相结合的产物。

仿生学在建筑、交通工具、机械制造等方面得到了广泛的应用。同样,仿生学在产品设计领域同样也受到了越来越多的重视。

仿生设计一般是先从生物的现存形态受到启发,在原理方面进行深入研究,然后在理解的基础上再应用于产品某些部分的结构或形态设计。

模仿生物合理生存的原理与形式,不仅为家具设计师带来了新的设计思路,同时也带来了许多强度大、结构合理、省工省料、形式新颖、丰富多彩的家具产品。

壳体结构是生物存在的一种典型结构,虽然这些生物壳体的壁厚都很薄,但能抵抗强大的外力作用。家具设计师利用这一原理,结合新型材料(如各种高强度塑料、玻璃钢等)和新型材料成型技术,制造出了形式新奇、工艺简单、成本低廉的壳体家具,如图5-53所示。

图5-53 壳体结构的家具

现代办公椅常用的"海星脚"是仿生学在家具设计中应用的典型例子。利用"海星脚"形的稳定性能设计出椅子的脚型,这样的椅子不仅可以旋转和任意方向移动自如,而且稳定性极好,人体重心转向任何一个方向都不至于使椅子倾覆,如图5-44所示。

图5-54 "海星脚"

"蜂窝"结构被公认为是科学合理的结

构。人们利用这一原理制造了"蜂窝纸",用于板式家具的板式部件中。这种纸质蜂窝板件不仅使得家具的自重减小了近一半,而且具有足够的刚性和机械强度,用于板式家具中的厚型板件、门板,如图 5-55 所示。

各种充气和充水家具近来受到消费者的青睐,尤其是充水家具,由于可以通过调节水的温度从而改变家具表面的温度,实现了人们追求的"冬暖夏凉"。这些充气和充水家具就是模仿生物机体的结果,如图 5-56 所示。

仿照人体结构所设计出的"人体家具"是别具一格的家具类型。仿照人的脊椎骨结构,使支撑人体家具的靠背曲线与人体完全吻合。如图 5-57 所示,仿照人体的形态或人体的躯干、四肢等设计出的家具,具有人体艺术的特点。

人体工程学在家具设计中的运用可以认为是仿生学在家具设计中运用的特殊例子。人体工程学在家具设计中的运用已越来越受到人们的重视。这在前面的章节中已经讲述。

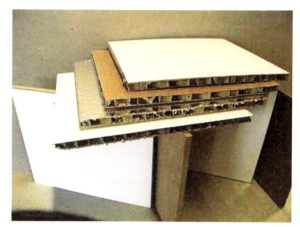

图 5-55 "蜂窝"结构

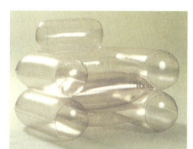  

图 5-56 充气家具

图 5-57 人体家具

5.8.2 模拟的设计手法

模拟是指较为直接地模仿自然现象或通过具象的事物形象来寄寓、暗示、折射某种思想感情。

这种情感的形成需要通过联想这一心理过程来获得由一种事物到另一事物的思维的推移与呼应。

利用模拟的手法具有再现自然的意义，具有这种特征的家具造型，往往会引起人们美好的回忆与联想，丰富家具的艺术特色与思想寓意。

家具设计中模拟的设计手法主要体现在下列几个方面。

(1) 在整体造型上进行模拟

对各种自然形态、人造形态直接进行模仿来塑造家具形态。可以是具象的模仿，也可以是抽象的模仿。

对人体的特别推崇一直以来都是艺术创作的基本思想之一，因此，模仿人体形态是各种艺术创作的手法之一，在家具设计中也是如此。模仿人体形态、人体各部分（如头部、肢体等）形态的家具设计自古有之。早在公元1世纪的古罗马家具中就出现过，在文艺复兴时期得到了充分的表现，如图5-58所示。

图5-59所示是一组模仿人体形态的家具设计。

各种自然形态具有典型的自然美，因此，它们是各种艺术形式的基本题材。家具设计中也常常用到这种手法，如图5-60所示。

对其他艺术形态进行模仿。如建筑、雕塑等作品都具有与家具相同的空间特征，它们常常成为模仿的对象，如图5-61所示。

(2) 局部构件的模拟

在进行某些部件设计时，模仿其他的形态类型。这些部件往往是家具的功能性部件、主要部件、视觉中心部件等。如桌椅类家具的腿、床的床头板、柜类家具的望板、框架

图5-58 模仿人体各部分形态的家具设计

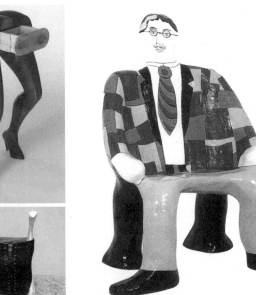

图5-59 模仿人体形态的家具设计

5.8 仿生与模拟

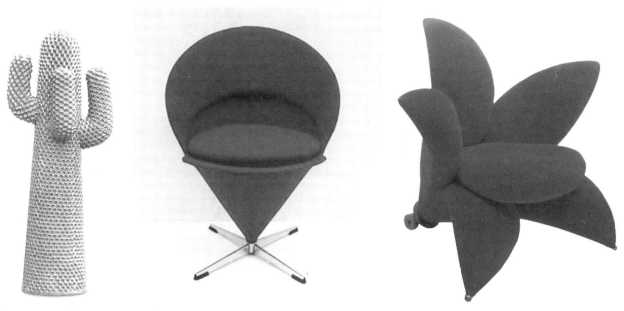

图 5-60　模仿自然形态的家具设计

图 5-61　模仿建筑、雕塑形态的家具设计

图 5-62　家具局部的模仿设计　　图 5-63　将动物图案直接用于家具装饰

图5-64 将文字直接用于家具装饰

类家具的柱。模拟的对象可以是各种自然形态如人体、动物、植物等,也可以是其他的人造形态,如图 5-62 所示。

(3) 结合家具的功能部件进行图案的描绘与形体的简单加工

在儿童家具中这种手法经常用到。如将各种动物图案描绘在板件上,然后对板件的外形进行简单的裁切加工,使之与板表面的图形相吻合,再组装成产品,如图5-63所示。

附于家具表面的图案与文字有时能为家具带来丰富的联想,如图 5-64 所示。

6 家具造型设计的表现形式

家具造型设计的表现形式是指直观的表现家具设计思想、概念以及具体设计的一种视觉传达形式。它既是直观的表现设计思想的方法，同时也可以是设计思想深化及再创造的方法。它不仅有利于对设计做进一步深化，而且这种直观的视觉效果方便了设计者与其他人进行沟通与交流。

根据表现的状态，家具造型设计的表现形式大致可以分为两类：一类是立体表现形式，即制造立体模型。另一类是平面表现形式，也就是绘制各种图形，如设计构思初期画的草图、透视效果图等。

6.1 模型表现

制作产品模型可以弥补平面图纸设计中不能解决的许多空间方面的问题，通过三维的立体形象，使设计对象更直观具体，可以从各个不同角度去观察产品造型上的各种关系，如局部与整体的空间关系，可以更确切地去了解设计中所体现的人体工程学的原理，材料与结构的关系等。同时，通过深入分析产品的造型、功能，以及使用生产上可能出现的有关问题，使产品设计更加合理。

6.1.1 家具模型的种类

（1）根据家具造型设计过程中的不同阶段和用途分类

研讨性模型 研讨性模型又称为粗胚模型或草模型（见图6-1）。这类模型，是设计

 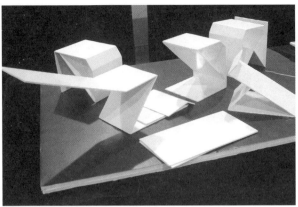 

图 6-1　研讨性模型

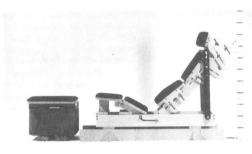 

图 6-2　功能性模型

者在设计初期阶段，根据设计的构思，对家具各部分的形态、尺度、比例进行初步的表现。从而使之作为设计方案研讨的实物参照，为进一步深化设计奠定基础。

研讨模型主要采用概括的手法来表现家具的大体形态特征，以及家具与人和环境的关系等。研讨模型强调表现家具造型设计的整体概念，可以作为反映设计概念中各种关系变化的参考。

研讨性模型的特点：粗略的大致形态，大概的尺度和比例；没有细部装饰和详细的色彩计划；为了设计构思的展开，常做出多个方案模型，以便于相互比较和评估。研讨性模型一般选择易加工成型的材料制作，如纸材等。

功能性模型　功能性模型主要用来表达和研究家具的功能与结构、构造性能与机械性能以及人机关系等（见图6-2）。同时可作为分析、检验家具产品的依据。功能性模型的组件尺寸、结构关系，都要严格按设计要求进行制作。

功能性模型注重对家具产品的功能特征、结构特征、人机关系的表达，而对家具产品的外观表现没有过多要求，目的是为了更加准确地分析、检测家具产品在功能、结构、人机关系方面的合理性。通过对功能性模型机能的各种试验，测出完整的数据，以作为继续完善设计的依据。

表现性模型　表现性模型是用以表现家具产品最终真实形态、色彩、表面材质等主要特征的模型（见图6-3）。采用真实的材料，严格按设计的尺寸进行制作的实物模型，几乎接近实际的家具产品，并可成为家具样品进行展示。

表现性模型可用于制作宣传广告，把家具形象传达给消费者。同时，帮助设计师研讨制造工艺，估计模具成本，进行小批量的试生产。因此，表现性模型是介于设计与生产制造之间的实物样品。但是，表现性模型在机能的表达方面不如功能性模型。

（2）根据常用材料分类

纸模型　纸模型一般用于制作产品设计之初的研讨性模型。纸模型的特点是取材容易、重量轻、价格低廉，可用来制作平面或立面形状单纯、曲面变化不大的家具模型。同时可以充分利用不同纸材的颜色、肌理、纹饰，而减少繁复的后期表面处理。纸模型的缺点是不能受压、受潮，容易产生变形。如果要做大尺度的纸模型，应在模型内设置支撑骨架，以增强其受力强度，如图6-4所示。

木模型　木材由于强度好、易加工、不易变形、运输方便，而被广泛的运用于家具模型制作中。尤其是木质家具产品模型更适合用木材制作，木模型更能从感官、性能方面反映出木质家具产品的真实状态，为木质家具产品设计的评估提供更加准确的依据，如图6-5所示。同时，由于木材获取方便、易加工，也经常作为制作其他模型的补充材料。

金属模型　在模型制作中，金属经常作为辅助性材料，如定型材料、支撑材料等。与木材一样，体积大、形态复杂的金属材料模型及零件的加工需要较为完善的加工设备和专业化的车间。金属材料具有高强度、高硬度、可焊、可锻、易涂饰的特点，常用来制作结构和功能模型、或表现性模型，如图6-6所示。由于金属模型不易加工、不易修改、易生锈、形体笨重、不便运输等缺陷，因此，对于一些金属家具产品模型，常使用

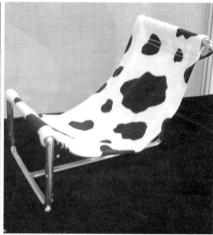

图6-3　表现性模型

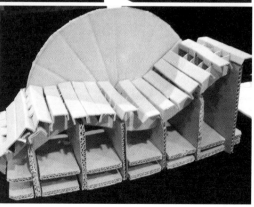

图6-4　纸模型家具

图 6-5 木模型家具（左图）

图 6-6 金属模型家具（右图）

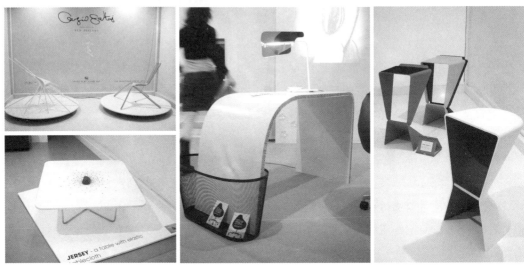

图 6-7 家具模型是一种设计语言

涂饰金属漆的纸板材模拟金属效果。

6.1.2 家具模型的特点

家具模型制作并不是单纯为了再现外观、结构造型。模型制作的实质是体现一种设计创造的理念、方法和步骤。在制作模型的过程中认识、理解关于设计的各种问题，为最终寻求设计答案提供更可靠的依据。因此，模型制作是一种综合的创造性活动，是新产品开发过程中不可缺少的环节。家具模型具有以下的特点。

说明性 以三维的形体来表现设计意图，用一种实体的语言对设计的内容进行说明，这是模型的基本功能。家具模型的说明性使它能准确、生动地诠释出家具产品的形态特征、构造性能、人机关系、空间状况等。

启发性 在模型制作过程中，通过对客观的形态、尺寸、比例等相关因素进行反复地推敲，灵活地调整思路，以达到启发新构想的目的。家具模型的启发性，反映出家具模型是设计师不断改进设计的有力依据。

可触性 模型是可以触摸的实体，能从触觉方面反映出家具产品的形体特征。以合理的人体工程学参数为基础，对模型的可触性进行分析，探求感官的回馈、反应，从而追求更加合理化的设计形态。

表现性 模型以具体的三维实体、准确的尺寸和比例、真实的色彩和材质，从视觉、触觉上充分表现出家具产品的形态特征，以及家具与环境的关系。家具模型的表现性使人能真实感受到家具产品客观存在的状态。

总之，家具模型制作提供了一种实体的设计语言，提供了更精确、更直观的感受。它使设计者与消费者产生共鸣，使整个产品开发设计程序有机的联系在一起，如图6-7所示。

6.1.3 家具模型制作的原则

合理的选择造型材料以提高效率　在家具模型制作中，根据不同的设计要求来选择相应的制作材料是极为重要的。在不影响表现效果的情况下，一般选择易加工、强度性能好、表现效果丰富、成本低的材料。如用涂饰金属漆的纸板材模拟金属效果。

合适的模型尺寸　当选择模型制作的比例时，设计师必须权衡各种要素，选择合适的比例。1:1的原样比例最逼真，有些场合需要采用放大的比例，用以反映细微和精致处。而选择较小的比例，可以节省时间和材料，但太小的比例模型会失去许多细节。因此，谨慎的选择一种省时而又能保留重要细节的比例，而且能反映模型整体效果，是非常重要的。

再现设计效果　模型制作的整个过程都应该以再现设计效果为目标，都应该根据设计效果的需要，来组织、安排模型的空间关系、比例关系、功能关系、结构关系等。再现设计效果的思想，使每个制作环节能有机的联系成一个整体。

总地来说，家具模型制作没有固定的法则，皆以表达设计意图为本。模型制作是设计师的基本技能之一，通过长期的实践，每个人都会掌握一种最适合自己的制作模型的技巧。

6.2　图画表现

图画表现是指在二维平面中表现三维立体的形象特征，因而具有典型的绘画属性。但是，家具造型设计中的图画不同于单纯的绘画，确切的讲，它应该是家具设计工程图，比单纯的绘画更具有明确、具体的现实意义。图画表现只是一种表现设计意图的手段，设计是根本、是实质，因此，脱离了设计意图去纯粹追求绘画艺术效果的倾向是不正确的。但是，这并非否定绘画技巧本身的重要性，恰恰相反，对绘画技巧的全面掌握与正确应用，是表达设计意图的重要前提条件。

就空间感、具体性以及直观程度而言，图画表现是不如模型表现，但是，在灵活性、快捷性、多样性以及艺术性方面，图画表现则是更胜一筹。

根据在设计过程中发挥的不同作用，家具造型设计的图画表现形式主要可以分为以下几种：设计草图、效果图、结构装配图。

6.2.1　设计草图

家具设计草图是设计者在设计初期阶段，根据设计的构思，对家具的形态、尺寸、比例进行初步表现的一种图画表现形式。从而使之作为设计方案研讨的参照，为进一步深化设计奠定基础。家具设计草图不但是设计者进行设计思想深化及再创造的依据，而且是最快捷的表现设计思想的方法。类似结构素描的特点，以强调形态、比例、位置关系、空间构成等为主，为使表现更为充分，常根据设计意图辅以基本的色彩表现。

根据表现的内容，设计草图主要分为以下两种：

（1）表现家具整体形态的设计草图（见图6-8）

这种设计草图能快捷的、大体的表现出家具的结构、功能、色彩、材料等因素所构成的家具整体形态，而它的局限是对家具造型设计的细节性问题的忽略。

（2）表现家具局部形态的设计草图（见图6-9）

这种设计草图能概括出家具的局部装饰、连接方式等家具的局部形态。它所涉及到的局部形态，是对家具造型设计的细节性问题的初步探索，它与表现家具整体形态的设计草图形成互补的关系。因此，只有两种设计草图同时存在于一个设计文本中，才能全面的概括出家具造型设计初期的构思。

设计草图在表现方式上不拘一格，图形、文字、数字等都可以作为传达设计意图的载体，如图6-8与图6-9所示，它们都表现出设计草图在表现方式上的灵活性。

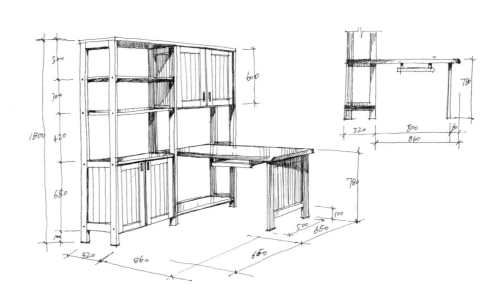

图6-8　表现家具整体形态的设计草图

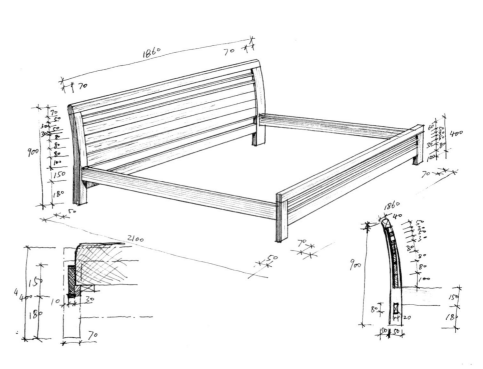

图6-9　表现家具局部形态的设计草图

6.2.2 效果图

在图画表现形式中，效果图是设计者与他人进行沟通、交流的最佳形式之一，它的直观程度超过了图画表现的其他形式。根据表现技法的不同，常见的家具设计效果图有以下几种。

（1）水彩效果图（见图6-10）

水彩是透明颜料，水彩画的特点是淡雅、明快，具有很强的表现力。画水彩效果图要选尺寸合适的专用水彩纸，纸质较粗的一面为正面，而且要把水彩纸裱在画板上，画板可选用木制绘图板。水彩效果图起稿的原则是先在草稿纸上绘制准确之后，再用硬铅笔将底稿复制在水彩纸上，使水彩纸面保持整洁。水彩效果图上色的原则一般是先浅后深、先远后近，有些面与物体需要多次反复的染色才能达到预期效果，如表现暗面时就需要多次上色。

图6-10　水彩效果图

（2）水粉效果图（见图6-11）

水粉的特点是覆盖能力强，能精细的表现出家具设计的细部特征，这是水彩所不及的。可选尺寸合适的专用水粉纸，也可以选择卡纸，而且把纸裱在画板上。由于水粉的覆盖能力强，起稿后画面的整洁度可以不作过高要求。但是，水粉的透明性不及水彩，因此，上色时一般是由深入浅。尽管水粉的覆盖能力好，也不应落笔轻率，能一次完成就一次完成，反复涂改会产生灰脏混浊的色彩效果。水粉上色时经常会把部分轮廓线覆盖，因此收尾时要将轮廓线进行修正。

图6-11　水粉效果图

（3）马克笔效果图（见图6-12）

马克笔是快速表现技法中比较常用的绘画工具，它具有着色简便、笔触叠加后色彩变化丰富的特点。马克笔属于油性笔，它的颜色有上百种，它的另一个特点是在纸张的使用上比较随意。马克笔的作画步骤与水彩技法很相近，先浅后深。在阴影或暗面用叠加的办法分出层次及色彩变化。也可以先用一些灰笔画出大体阴影关系，然后上色。马克笔在运用前必须做到心中有数，因为其不宜修改，也不宜反复涂改。落笔力求准确生动，能一次完成就避免多次完成。

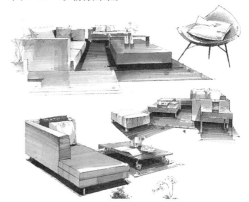

图6-12　马克笔效果图

（4）彩铅效果图（见图6-13）

彩铅也是快速表现技法中比较常用的绘画工具，它不仅具有马克笔的绘画优点，而且具有易修改的铅笔特点。彩铅有水性和油性两种，常用于效果图绘制的是水性彩铅，水性彩铅的颜色种类比较丰富，而且对纸张的选择也无过多要求。彩铅的作画步骤与铅笔素描很相近，也是由深入浅。笔触可粗可细，即可表现大体明暗，又可刻画局部细节。而且，水性彩铅可溶于水，必要时还可用湿毛笔进行渲染，以淡化笔触。

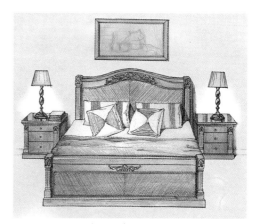

图6-13　彩铅效果图

图6-14　计算机效果图

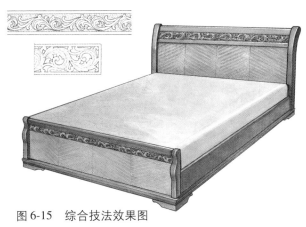
图6-15　综合技法效果图

(5) 计算机效果图（见图6-14）

计算机效果图不同于以上四种手绘效果图。它是以计算机以及计算机中的绘图软件作为工具，通过输入命令与数据来绘制效果图。而常用的绘图软件有3DMAX、AutoCAD、Photoshop、CorelDRAW等等。优秀的计算机效果图首先取决于成功的构思和出奇制胜的设计方案，它是设计者综合能力的集中表现，而要有效表达这种能力和传达设计意图，则需要对计算机以及相关的绘图软件进行良好的掌握。

(6) 综合技法效果图（见图6-15）

根据效果图表现技法的不同特点，一张效果图可以结合多种表现技法，各种技法扬长避短以达到效果图的最佳效果。如水彩与彩铅结合，先用水彩渲染大色，然后用彩铅表现某些细部或材料质感，能充分发挥两种工具的特性，又避免各自的弱点。又如水彩与马克笔结合，马克笔有快速简捷的优点，但不便于涂大面积，因此，可以先用水彩画出大体颜色，然后用马克笔刻画细部以加强重量感、材质感。甚至还可以将手绘效果图输入计算机中，通过相关绘图软件的处理，使它们之间相互补充以实现最佳效果。

6.2.3　结构装配图

在图画表现形式中，结构装配图是最具理性的表现方式，它是设计者与专业人士（主要指制作者、维修者等）进行沟通、交流的最佳方式。结构装配图应根据设计对象的结构特点、材料特点、工艺特点，并按照业内的相关标准格式来制图，使其他专业人士能准确、详细的理解图纸所传达的技术内容。

为了传递准确的技术内容，结构装配图主要包括以下几个方面的内容。

(1) 视图

结构装配图中的视图包括基本视图、特殊方向的视图，以及针对个别零件和部件的局部视图等，如图6-16所示。基本视图除了要反映不同方向上物体的外形以外，还力图反映内部结构，因此，基本视图很多时候都以剖视图的形式出现，而且剖视图还要尽最大可能把内部结构表达清楚，特别是连接部分的结构。

(2) 尺寸

结构装配图是家具制造的重要文件，除了表示形状的图形外，还要把它的尺寸标注详细。做到所需要的尺寸一般都可以在图上找到。尺寸标注要包括以下几个方面：

总体轮廓尺寸　即家具的规格尺寸，指总宽、深和高。如图6-17所示中宽700，深

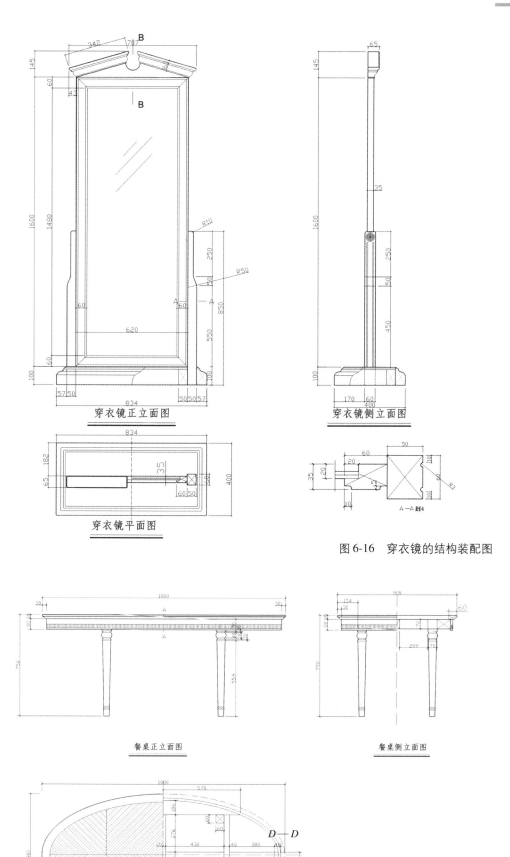

图 6-16 穿衣镜的结构装配图

图 6-17 餐桌的结构装配图

380和高1685。

部件尺寸　如抽屉、门等（见图6-18）。

零件尺寸　方材要首先标注出断面尺寸，板材则一般要分别标注出宽和厚（见图6-19）。

零件、部件的定位尺寸　指零件、部件相对位置的尺寸，如图6-20所示中层板的定位。

尺寸标注也不是随心所欲的，"尺寸基准"是家具图样中一个非常重要的概念。所谓的尺寸基准，就是在测量家具时或者进行家具生产加工时，进行计量的起始位置和作为参照系的尺寸点。如图6-21所示，表示桌高从地面到桌面进行测量，标注为规格尺寸

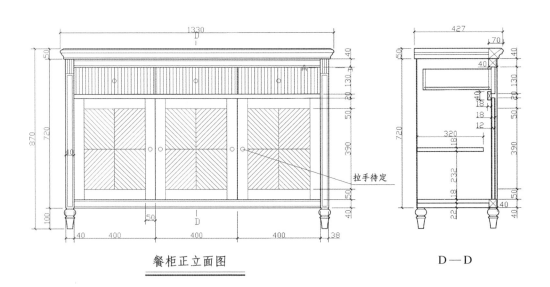

图6-18　结构装配图中的抽屉、柜门尺寸

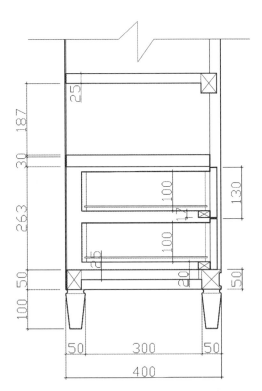

图6-19　结构装配图中的剖视图局部

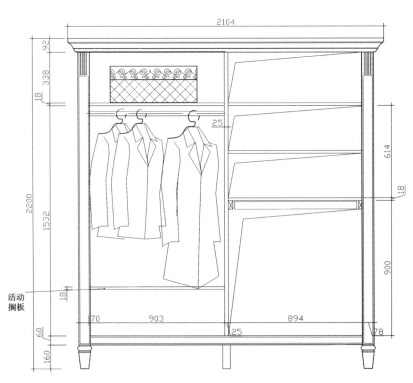

图6-20　衣柜的结构装配图的局部

表 6-1　明细表

共1页共1页		净料规格表			2005年12月27日		
图　号	名称	主要规格			单　位		
03-01	鞋柜	1202×420×922			mm		
序号	材料	部件名称	规格（mm）			单位	数量	净　料	注明
			厚	宽	长				
1		面板	50	420	922		1		
2		侧板	25	268	1020		2		
3		层板	20	330	810		4		
4		门板	25	220	736		4		
5		挡板	20	60	740		4		
6		方腿	50	60	1152		4		
7		背板	3	740	1052		1		
8		拉方	50	60	268		2		

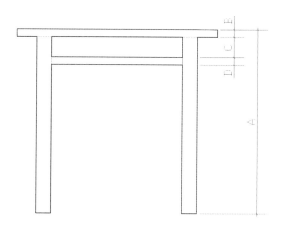

图 6-21　体现尺寸基准的结构装配图

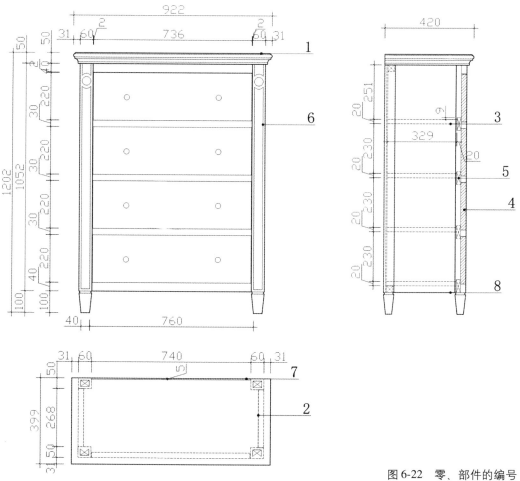

图 6-22　零、部件的编号

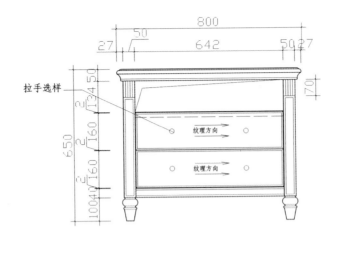
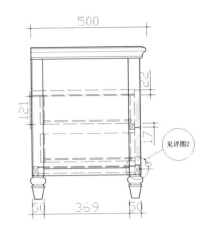

注1：所有线型同梳妆台线型。

注2：无底板，但柜体下部作成框，再用枪钉将5mm的中密度板与框连接。

图6-23　直接在图中标出技术条件

所要求的尺寸A，桌面下方横撑的安装位置由桌面位置决定，离桌面的距离为C。测量、生产过程中的尺寸误差存在于桌腿的下部。在这里，地面、桌面顶面分别是测量基准和生产过程中的安装基准，对应于这两个位置的尺寸线称为尺寸基准线。

（3）零、部件编号和明细表

为了适应工厂的批量生产，随着结构装配图等生产用图纸的下达，同时还应有一个包括所有零件、部件、附件等耗用材料的清单，这就是明细表（见表6-1）。明细表常见内容有：零件与部件的名称、数量、规格、尺寸，如果用木材还应注明树种、材种、材积等，此外还有相关附件、涂料、胶料的规格和数量。

为了方便在图纸上查找与明细表相应的零、部件，就需要对零、部件进行编号。图中编号用细实线引出，线的末端指向所编零、部件，用小黑点以示位置（见图6-22）。

（4）技术条件

技术条件是指达到设计要求的各项质量指标，其内容有的可以在图中标出，有的则只能用文字说明（见图6-23）。

参考文献

方松华. 1997. 20世纪中国哲学与文化[M]. 北京：学林出版社.
顾云深. 1999. 世界文化史[M]. 杭州：浙江人民出版社.
胡景初，戴向东. 2000. 家具设计概论[M]. 北京：中国林业出版社.
李乐山. 2000. 工业设计思想基础[M]. 北京：中国建筑工业出版社.
李乐山. 2000. 工业设计思想基础[M]. 北京：中国建筑工业出版社.
李砚祖. 1990. 现代陶艺论纲[J]. 文艺研究，(3)：3-5.
鲁晓波. 2002. CAID在产品设计中的应用[M]. 工业设计，(5)：17-19.
来增祥. 2000. 室内设计原理[M]. 北京：中国建筑工业出版社.
刘铁军. 2004. 表现技法[M]. 北京：中国建筑工业出版社.
刘文金. 2003. 中国当代家具设计文化研究（学位论文)[D]. 南京林业大学木材工业学院.
刘文金. 2004. 家具的概念形态与现实形态[J]. 家具与室内装饰，(3)：47-49.
刘文金. 2005. 论家具与家具设计的本质[J]. 家具与室内装饰，(7)：31-35.
刘先觉. 2000. 现代建筑理论[M]. 北京：中国建筑出版社.
刘永德. 1999. 建筑空间的形态、结构、涵义、组合[M]. 天津：天津科学技术出版社.
梁 梅. 2002. 意大利设计[M]. 成都：四川人民出版社.
莫天伟. 1991. 建筑形态设计基础[M]. 北京：中国建筑工业出版社.
任立生. 2004. 设计心理学[M]. 北京：化学工业出版社.
沈祝华. 1999. 产品设计[M]. 济南：山东美术出版社.
唐开军. 2001. 家具设计技术[M]. 湖北：湖北科学技术出版社.
田自秉. 1991. 工艺美术概论[M]. 上海：知识出版社.
王菊生. 2000. 造型艺术原理[M]. 哈尔滨：黑龙江美术出版社.
夏建中. 1996. 文化人类学理论学派[M]. 北京：中国人民大学出版社.
徐 飙. 1999. 成器之道[M]. 南京：南京师范大学出版社.
徐恒醇. 1989. 技术美学[M]. 上海：上海人民出版社.
许 佳. 2004. 重视斯堪的纳维亚柔性功能主义[J]. 装饰，(3)：24-25.
许明飞. 2004. 产品模型制作技法[M]. 北京：化学工业出版社.
谢大康. 2004. 产品模型制作[M]. 北京：化学工业出版社.
尹定邦. 1999. 设计学概论[M]. 长沙：湖南科学技术出版社.
左铁峰. 2004. 工业设计中的实践性设计与概念性设计[J]. 装饰，(1)：33-34.
赵巍岩. 2001. 当代建筑美学意义[M]. 南京：东南大学出版社.
赵连元. 2002. 审美艺术学[M]. 北京：首都师范大学出版社.
中国社会科学杂志社. 2000. 社会转型：多文化多民族社会[M]. 北京：社会科学文献出版社.
周雅南. 2000. 家具制图[M]. 北京：中国林业出版社.
Molnar Vera. 1997. Toward Aesthetic Guidelines for Paintings with the Aid of A Computer[M]. In: Manila Frank J eds. Visual Art, Mathematics & Computer. Oxford: Pergamon Press.
Stiny George. 1990. What Designer Do That Computer Should[M]. In: McCullough Mitchell William, Purcell Patrick, eds. The Electronic Design Studio. Cambridge, Mass. The MIT Press.